全国电力行业“十四五”规划教材

华北电力大学“双一流”研究生人才培养建设项目

电力设备振动状态智能监测方法及应用

朱霄珣　编著

中国电力出版社
CHINA ELECTRIC POWER PRESS

内 容 提 要

本书立足于传统状态监测方法，针对电力设备状态监测深入探讨了状态特征的提取方法；同时，致力于研究基于深度学习的电力设备运行状态智能监测方法，首次将振动状态识别与深度学习方法结合论述，详细研究探索了用于振动状态识别的深度学习模型结构、融合特征学习、图像化识别诊断等关键问题。

本书可供高等学校相关专业学生选用，也可供从事振动状态监测智能化、信息化的研究人员学习参考。

图书在版编目（CIP）数据

电力设备振动状态智能监测方法及应用 / 朱霄珣编著 . —北京：中国电力出版社，2022.5
全国电力行业“十四五”规划教材
ISBN 978-7-5198-6762-1

Ⅰ. ①电… Ⅱ. ①朱… Ⅲ. ①电力设备－振动－故障监测－教材 Ⅳ. ① TM407

中国版本图书馆 CIP 数据核字（2022）第 080238 号

出版发行：中国电力出版社
地　　址：北京市东城区北京站西街 19 号（邮政编码 100005）
网　　址：http://www.cepp.sgcc.com.cn
责任编辑：李　莉
责任校对：黄　蓓　马　宁
装帧设计：赵姗姗
责任印制：吴　迪

印　　刷：北京天宇星印刷厂
版　　次：2022 年 5 月第一版
印　　次：2022 年 5 月北京第一次印刷
开　　本：787 毫米 ×1092 毫米　16 开本
印　　张：8
字　　数：202 千字
定　　价：38.00 元

前言

机械状态监测与故障诊断是一门起源于20世纪的传统学科，通过对连续运行机械设备的状态进行监测、诊断和预示保障设备安全运行，在机械、能源、航空、石化和冶金等行业中发挥了巨大作用。机械状态监测与故障诊断学科突出特点是理论研究与工程实际应用紧密结合，是一门综合性的学科，涉及故障机理与征兆联系、信息获取与传感技术、信号处理与特征提取、智能决策与诊断系统等方面，经过近半个世纪的发展逐渐成熟，形成较完善的理论体系。但是，随着设备复杂化程度不断加深，故障机理研究不足、诊断方法有限和智能诊断系统薄弱等问题逐渐显现，加之大数据智慧化运行要求不断提升，“机理分析＋特征提取＋状态识别”的流程结构效率低、精度差的矛盾加剧。

本书立足于传统状态监测方法，针对旋转设备状态监测深入探讨了状态特征的提取方法；同时，致力于研究基于深度学习的旋转设备运行状态监测方法。本书共分为8章，主要内容包括：第1章，对电力设备状态监测与故障诊断的发展现状进行分析。第2章，以汽轮发电机组、风力发电机组等电力设备为对象，分别对其振动机理、故障类别进行了系统性总结；相应地研究了振动模拟实验平台的搭建；从数据采集、信号基础等角度对设备振动状态监测进行了介绍，探讨时域、幅域、频域、时频分析以及图像特征提取方法。第3章，对信号处理及故障特征提取方法进行探讨，重点研究HVD时频分析方法在特征提取中的应用，并针对其虚假分量问题提出基于KL-HVD的状态特征提取方法。第4章，对基于深度学习的状态监测方法展开详细理论与应用研究，提出了基于CNN图像识别的振动状态识别方法，并针对振动轴心轨迹图、SDP图、SDP融合特征图搭建CNN识别模型，通过实验研究各模型的识别精度。第5章，针对一维振动信号识别问题，提出1D-CNN的状态识别方法，并重点研究了卷积核尺度的选取，提出基于卷积核尺度与信号匹配的卷积核尺度优化方法，确定模型的最优感知野。第6章，针对识别对象信息不完备问题，提出基于融合特征深度学习的振动状态识别方法，研究搭建了多向量深度卷积神经网络模型（MV-CNN），并将多测点、多模态振动信号作为MV-CNN学习对象，提升学习信息的完备性。第7章，针对全局特征学习不足问题，提出全局-局部特征融合的深度学习方法，研究搭建前置全连接深度网络

(FV-DNN)，实现了全局与局部特征的统一学习，提高了模型识别精度。第8章，对全书内容进行总结，并对未来的研究工作进行了展望。

本书有幸得到了华北电力大学“双一流”研究生人才培养建设项目、河北省自然科学基金的资助，特此致谢！本书在撰写过程得到了韩中合教授和祝晓燕教授的悉心指导。另外，本书涉及的部分理论和实验研究得到了本校智慧电力能源小组以及北京华智电科技有限公司的大力支持，并对侯栋楠、赵建宏、罗学智、刘铟、叶行飞、刘宝平、林佳伟、王瑞君、李震涛等参与项目研究的工程师、研究生表示真诚的感谢！

由于作者水平有限，本书中的一些观点和方法可能还存在不妥之处，敬请各位专家和读者予以批评和指正！

编　者

2022年5月

目录

第 1 章

概　　述

1.1　状态监测的意义

电力设备是关系国计民生的重要设备，其安全稳定运行，是保证人民生命财产安全、提高生产经济效益的基础条件。设备运行一旦出现事故，将带来巨大的经济损失和人员伤亡。“千里长堤，溃于蚁穴”，设备从故障产生到失效会经历一个演变过程，那么通过设备状态监测与故障诊断手段，及时、准确、尽早识别设备运行异常，对保障电力系统安全运行，减少或避免重大灾难性事故具有非常重要的意义。

设备状态监测与故障诊断技术起源于 20 世纪 60 年代，是通过监测、诊断、预警等方法保障设备安全运行的一门科学技术。经历过半个多世纪，特别是借助传感器技术、信号分析技术、人工智能技术等现代化研究成果迅速发展，理论研究与工程实际应用得到了突飞猛进的发展。

随着电力设备的大型化、复杂化、高速化、自动化、智能化发展，对设备状态监测与故障诊断水平的要求也越来越高，并成为研究与讨论的热点问题。由 IEEE 等国际性学术组织举办的设备状态监测与故障诊断（condition monitoring and diagnosis，CMD）国际学术会议两年一届；状态监测与诊断工程管理（condition monitoring and diagnostic engineering management，COMADEM）国际会议每年举行一次的；机械失效预防技术（machinery failure prevention technology，MFPT）每年举办一次；在国内，中国机械工程学会、中国振动工程学会等均每隔两年召开一次故障诊断会议。

设备的运行状态一般会通过某些状态参数的改变反映出来。对于电力设备来说，振动信号往往可以体现出设备的运行状态，如汽轮发电机组的转子振动、风力发电机组传动系统振动、变压器振动等。通过对振动信号的分析研究，可以准确反映设备运行状态、有效定位设备故障。除此之外，智能监测分析方法的结合与应用会大大提高设备运行状态识别的准确率与运行的自动化、智能化程度。本书以电力设备的状态监测为研究对象。

1.2 国内外研究现状

设备状态监测与故障诊断受到国内外显著重视，很多学者开展了相关研究工作。通过文献分析可以看出，全球科研和工程领域工作者在故障机理与征兆联系、信号处理与特征提取、智能识别诊断等方面开展了积极的探索，取得了丰硕的成果。

1.2.1 故障机理与征兆联系

故障机理研究是指通过理论或大量的试验分析，研究不同的运行状态与设备系统输出信号之间的关系，进而掌握故障产生和演化的一般规律，明确故障的动态特征。其过程一般概括为对象的数学力学模型建立、响应特征的仿真研究、模型的试验修正、故障表征的获取。研究故障机理及其表征形式，是设备故障诊断的重要基础和依据，只有通过机理研究，才能对设备未知故障、耦合故障和弱故障进行有效的预知和识别。因此，故障机理研究对故障诊断具有重要意义。

东北大学闻邦椿院士[1]、哈尔滨工业大学陈予恕院士、东南大学陆颂元教授[2]、西安热工研究院施维新教授[3]等专家前辈分别在各自出版的书籍中，详细论述了旋转发电设备的振动故障机理问题。杨绍普、熊诗波、杨世锡、黄文虎、徐小力、秦树人、韩捷、于德介和李学军等学者，长期从事机械状态监测与故障诊断技术的研究并取得大量科研成果。

陈予恕等[4]针对大型旋转机械的振动故障特点进行综合分析，突破传统以线性理论为基础的故障建模和分析方法，提出了5项重大故障的非线性综合治理新技术。何正嘉等[5,6]提出了基于小波有限元的转子裂纹定量诊断方法，钟掘等[7]研究了现代大型复杂机电系统耦合机理问题，褚福磊等[8,9]在小波变换理论研究及转子碰摩故障机理等方面取得了显著的进展。2008年意大利学者BACHSCHMID等[10]在国际期刊MSSP上主编了一期裂纹研究综述文章，从裂纹转子模型、裂纹机理等多方面做了相关的论述；德国柏林科技大学Robert[11]深入研究了裂纹转子的动力学行为；印度理工学院的Sekhar等[12]学者研究了转子裂纹动力学行为及其辨识方法；范彬和胡雷[13]提出使用相空间曲变和平滑正交分解理论在变工况条件下跟踪旋转机械的故障演化过程，实现在工况变化条件下对旋转机械的故障预测。Sohre[14]通过故障图谱的形式描述了旋转机械的典型故障征兆及其可能成因，并将典型故障划分为9类37种，这一研究成果已被广泛应用于旋转机械故障诊断中。刘杨和李炎臻[15]针对滑动轴承支撑下的转子系统发生不对中故障进而引起不对中-碰摩耦合故障的问题进行分析，基于非线性有限元法建立双盘不对中-碰摩耦合故障转子系统动力学模型，结合实验研究分析了转子在不同转速条件下故障转子系统的动力学特性。秦海勤、张耀涛[16]以双转子试验器为研究对象，在考虑高低压转子中介轴承的耦合和机匣的弹性变形及其运动的基础上，建立了碰摩故障双转子-支承-机匣耦合系统动力学模型，对转速、转子偏心量和碰摩刚度对转子系统动力学特性的影响进行了理论分析，并进行了相关试验。

Mohammed 和 Rantatalo[17]采用 6 自由度集中参数模型模拟了沿深度和长度方向传播的裂纹，仿真得到了齿轮振动信号，并利用时频分析进行了齿轮裂纹检测。为了模拟基于 Paris-Erdogan 方程的裂纹闭合效应，Guilbault[18]等人开发了一种在 LEFM 范围内检测裂纹扩展路径的程序，并通过比较公开的数值和实验结果验证了该方法。Goran Vukelic 等人[19]除了对齿轮轴进行理化检验和力学性能测试之外，还建立了三维模型并进行了有限元应力学分析，研究了齿轮齿面剥蚀对其啮合刚度的影响。Yu Wei[20]等建立了一个具有周期边界条件的二维双齿模型，采用扩展有限元法（XFEM）对齿轮的疲劳断裂行为进行了分析，重点研究了初始裂纹几何形状和循环载荷因子对齿轮疲劳断裂的影响。Gang Shen[21]等研究了风力发电机齿轮箱的失效机理，其认为齿轮箱在失效前会经历微动磨损和疲劳源产生两个阶段，并通过有限元分析的方法对其猜想进行了验证。Zhang 等[22]采用有限元分析的方法对齿轮弯曲疲劳失效机理展开研究，并建立了齿轮失效故障树，以方便找出所有故障原因，研究了齿根圆角半径和齿背厚度对应力集中的影响规律。秦大同教授团队[23-25]对风力发电机组齿轮箱动力学特性做了系统的研究，使用不同算法模拟了时变载荷，研究了系统动力学响应问题，得到了随机载荷下系统的动力学特性。Ma[26]等考虑轮廓偏移和齿裂的影响，基于解析模型确定了时变啮合刚度，并通过有限元模型验证了结果准确性；通过将时变啮合刚度引入齿轮转子系统的有限元模型中，分析了齿轮传动情况下的变位齿轮副以及齿裂纹对系统振动响应的综合影响。向东和蒋李[27]提出了风电齿轮传动系统在随机风载下的疲劳损伤计算模型，并通过模型计算风电传动系统各齿轮弯曲和接触疲劳损伤，但此方法计算过程比较复杂，且模型的搭建依赖于确定型号风力发电机组，模型的适应性较差。因此，部分学者将重点放在对齿轮传动系统振动特性的研究。何俊和杨世锡[28]在建立风机齿轮箱动力学模型基础上，通过模拟随机风载数据对故障齿轮箱动力学特性与振动信号特征进行了研究，进而分析得到故障齿轮传动系统受随机风载激励下的振动特性。Castellani 和 Buzzoni[29]则通过收集复杂地形条件下的风力发电机组 SCADA 数据，采用计算流体力学（computational fluid dynamics，CFD）建模并进行仿真分析，建立起了风力发电机组齿轮传动系统振动特性与风力发电机组尾流效应、随机风载之间的联系，从而更便于对传动系统振动进行分析。

随着大规模电力生产，电力设备功能日益强大的同时结构也日益复杂，这就使得故障产生的概率及复杂程度明显提高。而当前对设备故障机理研究发展相对不同步，对复杂系统故障、复杂工况、故障耦合的机理研究相对较少。但实际中，需要面对各种复杂工况、子部件耦合、故障耦合等问题，相应的机理问题成为未来故障机理研究的重点。

1.2.2 信号处理与特征提取

从运行动态信号中提取出故障征兆，是机械故障诊断的必要条件。机械设备诊断首先要分析设备运转中所获取的各种信号，然后提取信号中的各种特征信息，从中获取与故障相关的征兆，最终利用征兆进行故障诊断。

振动信号的时域特征可以对风力发电机组传动系统的早期故障进行预警，包括有量纲特征（峰峰值、最小值、最大值、均值、方差、均方值、均方根值）和无量纲指标（裕度、峭度、散度）。其中，峭度指标和散度指标对冲击类故障比较敏感，经常被用于系统冲击成分的提取[30,31]。然而，实际中振动信号较为复杂，往往需要配合其他手段，且随着故障程度加深，其值会呈现出非正常的大幅度波动。因此，时域特征往往不能单独判别运行状态。频域分析能够提供比时域波形更直观的特征信息，如经典的频谱分析、倒频谱分析（二次频谱分析）等提取齿轮箱的振动信号特征。然而，基于平稳理论假设的频域分析对于处理非平稳、非线性较强的传动系统振动信号显然是不合理的。

工程中振动往往是非平稳、非线性的，特别是故障状态下的振动信号更是具有较强的调制性，且有时为多个调制信号的叠加，因此最有效的手段是通过时频分析等方法解调并提取故障特征。小波分析通过可变长度的小波函数既能分析非平稳信号中的低频成分，又能定位处理其中的短时高频成分。文献[32]提出一种基于 Sigmoid 函数阈值降噪的小波降噪方案，对小波系数进行阈值化处理后去除轴承故障信号中的不相关分量，进而利用包络谱分析实现了轴承滚珠故障信号的有效故障特征识别。然而，WT 方法只有一类基函数，不能与所有信号成分相匹配，缺乏自适应性，且小波基的选取对分析结果影响较大。包络分析（也称解调分析）的核心是把调制在高频分量上的低频故障信息，解调到低频后再进行分析处理，以提取和识别故障信息，包括共振解调技术、希尔伯特解调技术、同态滤波技术等。同时，利用包络方法分析高频中的故障信息，还可以提高信噪比。相关文献研究了共振解调技术在轴承早期故障诊断中的应用，但该方法需要知道滤波的中心频率，缺乏自适应性[33]。信号共振稀疏分解方法根据持续振荡信号和瞬态冲击信号的品质因子 Q 的不同，将复杂信号分解为包含持续振荡成分的高共振分量和包含瞬态冲击成分的低共振分量[34]。经验模态分解（empirical mode decomposition，EMD）方法是一种自适应的时频分析方法，可以将包含多种成分的振动信号分解成若干单一模态的本征模态函数（intrinsic mode function，IMF），进而对各个 IMF 分量进行分析，提取故障信息。有研究在利用 EMD 进行轴承故障诊断时，针对 EMD 计算过程中包络插值引起的模态混叠问题提出一种基于带宽的 EMD 包络插值算法[35]，使得模态混叠得到弱化，实现了轴承故障诊断。在 EMD 方法的基础上，发展了许多类似的方法：将白噪声添加到目标信号中，提出集合经验模式分解（ensemble empirical mode decomposition，EEMD）方法，在一定程度上抑制了模态混叠现象[36]。局部均值分解（local mean decomposition，LMD）方法在抑制和消除过包络、欠包络现象和减少迭代次数等方面都要明显优于EMD方法，但还存在模态混叠、端点效应和计算量大等问题[37]；希尔伯特振动分解（hilbert vibration decomposition，HVD）方法保留了EMD分解自适应性的优点[38]，并在一定程度上避免了样条过拟合、模态混叠现象，另外，采样波形匹配方法消除了希尔伯特变换和低通滤波引起的端点效应。Jiang等人提出一种基于变分模态分解（VMD）和Teager能量算子的轴承诊断方法，该方法采用VMD分解原始振动信号得到各阶模态分量后采用峰度指数选择包含有与轴承故障相关的脉冲成分的分量，采用多分辨率Teager能量算子将能量算子调整到包含冲击的频率范围后准确地提取到分量中的脉冲冲击成分，进一步进行时频分析后更加有效地实现了轴承故障诊断[39]。Yan提出一种基于改进变分模态分解（IVMD）和瞬时能量分配-置换熵（IED-PE）的轴承故障识别方法[40]，该方法首先采用IVMD将振动信号自适应地分解为各个模态，然后采用IED-PE提取各阶模态分量特征获取三维的特征向量，最终利用分类器对三维特征向量完成分类，实现轴承多故障的识别地相对于其他时频分析方法，该方法可以自适应对传动系统复杂振动信号进行解调，有效地提取了故障特征信息。然而，模态混叠、虚假分量等问题的存在，使得IMF分量存在失真，影响IMF的物理意义，故障特征信息没有被完全分离、提取出来，严重影响了该类方法的应用。除此之外，通过多传感器信息融合等技术，研究提出了基于全息谱（二维全息谱、三维全息谱）、瀑布图、对称点模式图（symmetrical dot pattern，SDP）、轴心轨迹图等特征提取方法，体现了诊断信息全面利用、综合分析的思想，也在故障诊断领域得到了广泛应用。

通过信号处理技术对振动信号内蕴含的特征信息进行提取，直观反映出设备的运转状态，进而配合机理研究得到的状态与特征之间的关系，定位故障状态及产生原因，实现设备故障的诊断。然而，面对早期故障、微弱故障、耦合故障，尤其是现场干扰较强的情况下，故障特征往往被淹没在其他成分中，难以准确识别，导致该方法难以有效定位故障和溯源故障成因。

1.2.3 智能识别诊断

随着计算机科学和智能机器学习算法的发展，计算机的学习能力和信息获取能力大幅提高。机器学习模拟人类思维的推理过程，通过对监测对象的学习和状态信息自动获取，对运行状态做出智能判断和决策。智能识别诊断避免了认为定位故障的主观性，也打破了设备诊断数据量大与诊断专家相对稀少之间的僵局，提高了识别效率与运行智能化，是状态监测与故障诊断发展的一个新阶段。

神经网络方法是智能识别诊断中应用的最为广泛的方法。丹麦科技大学Schlechtingen

等[41]提出了基于神经网络的风电机组故障在线智能诊断方法。华南理工大学李巍华等[42]提出一种双层萤火虫算法并应用于传统 BP 神经网络的训练，在轴承故障诊断中训练效率及识别率显著提高。澳大利亚莫纳什大学 AMAR 等[43]使用基于振动谱图的神经网络实现了轴承故障识别。清华大学 Huang 等[44]将小波神经网络应用于风电齿轮箱的故障识别，该方法将小波函数作为隐藏层，借助其时频分析和神经网络自主学习能力，加快了训练速度并提高了模型的识别能力。庄哲民和殷国华[45]针对风力发电机组这种复杂的时变非线性系统难以提取有效故障特征的问题，提出一种局部判别基算法结合 SOM-BP 混合网络进行故障诊断的新方法。郭东杰和王灵梅[46]针对风力发电机组早期故障时定子电流特征量难以提取的问题，提出了单子带重构改进小波变换（wavelet transform，WT）结合 BP 神经网络的风力发电机组故障诊断新方法。

支持向量机方法（support vector machine，SVM）由于其出色的小样本问题的处理能力，很大程度上解决了故障样本相对匮乏的问题。同时，打破了传统经验风险最小的模式，通过结构风险最小化，提高了模型的鲁棒性。这使得 SVM 方法在状态监测与故障诊断领域得到了极大关注。特别是对模型的惩罚因子与核函数优化[47]、多分类模型[48]、样本不平衡[49]、强化学习等问题进行了广泛研究，大大提升了 SVM 方法的识别诊断性能。

除此之外，专家系统[50]、模糊诊断系统[51]、K 最近邻算法[52]、聚类算法[53]、自回归模型[54]、灰关联分析理论[55]也在该领域得到了广泛应用。

然而，各种智能诊断方法在处理实际问题时还存在明显不足：神经网络诊断技术需要的训练样本获取困难；专家系统诊断技术存在知识获取“瓶颈”，缺乏有效的诊断知识表达方式，推理效率低；模糊故障诊断技术往往需要依靠先验知识、由人工确定隶属函数及模糊关系矩阵，但实际上获得与设备实际情况相符的隶属函数及模糊关系矩阵存在许多困难。更重要的是，传统机器学习模型属于浅层智能模型，自学习能力较弱，都需要满足一定的假设条件和人为的模型参数设置，当对象耦合性强、动力学特性复杂、非线性强或存在不确定性干扰时，往往导致其精度低、泛化能力弱；另外，这类方法只是实现了识别的智能化，但由于特征提取与识别模型建立孤立进行，识别精度严重依赖于特征提取的效果；在“大数据”时代，面对数据量爆炸的设备状态信息，此类方法计算能力差、诊断率低下等弊端更是逐渐显现。

所以，近年来深度学习方法在状态识别诊断中的应用得到了突飞猛进的发展。研究学者开始了基于深度学习的识别诊断方法研究，中南大学陶洁等[56]提出基于 Teager 能量算子和深度置信网络（deep belief networks，DBN）的滚动轴承故障诊断方法，解决了传统神经网络模型针对早期故障诊断时泛化能力差的问题；浙江大学 He 等[57]将齿轮箱多传感器融合数据的统计特征输入 DBN 网络实现了故障识别，为齿轮箱高效故障诊断提供了新的研究思路；

美国卫奇塔州立大学 Tamilselvan 等[58]建立信念神经网络识别航空发动机的健康状态。为了避免模型精度对特征提取的依赖，同济大学周奇才等[41]研究了“端对端”的深度学习方法，提出一种改进 AlexNet 模型的一维深度卷积神经网络 1D-CNN 的故障诊断模型，将齿轮箱及滚动轴承的一维时域信号输入所提模型，实现了对齿轮箱的故障诊断，具有很强的特征学习能力及鲁棒性；北京科技大学肖雄等[59]在研究一维卷积神经网络故障识别的基础上，将原始一维信号数据转化为二维灰度图像并降噪处理作为二维卷积神经网络 2D-CNN 的输入，利用了 CNN（convolutional neural networks）模型在图像识别领域的优势，有效提高了诊断精度；王崇宇和郑召利[60]等提出了一种基于深度卷积神经网络的汽轮机转子故障检测方法，实现对汽轮机转子故障端到端的检测。在迁移学习方面，北京化工大学马波等[61]利用 GAN 生成对抗网络的样本生成能力半监督特性，将其运用于滚动轴承故障诊断，解决了少样本和标签不足的问题，并且在变负荷下精度很高，具有一定的迁移学习能力；同济大学赵宇凯[62]等提出基于经典卷积神经网络 VGG16 与迁移学习的故障诊断方法，将已经在源域训练好的模型，保存较低部层次权重，利用目标域数据对高层重新进行训练，微调参数，并加入新的分类输出层，对两个轴承数据集实现了迁移诊断，在跨工况和多分类任务中表现出良好性能。清华大学韩特对比研究了三种典型的参数迁移策略，提出了基于联合分布适配的深度迁移网络，进一步提高了特征分布适配的精度。

1.3 主要研究内容

大数据与智能故障诊断是故障诊断未来的发展趋势，但是并不意味着数据或者智能诊断方法是自我独立的。如何将动力学、特征提取、数据挖掘、智能识别等有机结合，消除各环节之间的孤岛效应，实现数据与诊断过程的可解释性，是未来的重要挑战。因此，对故障机理、基于信号处理的特征提取、智能识别诊断方法进行综合讨论，并重点对以下问题展开研究。

（1）为了提取清晰的振动故障特征，对 HVD 的虚假分量消除进行研究，提出 KL-HVD 方法，通过添加 KL 散度（kullback-leibler divergence）判别准则，对虚假分量进行识别与去除，有效定位故障特征成分。

（2）研究基于 CNN 图像识别的振动状态识别方法，通过对振动轴心轨迹图、SDP 图、SDP 融合特征图的识别实验研究，最终提出并建立基于 SDP 融合特征图的 CNN 状态识别模型。

（3）研究基于一维卷积神经网络的振动状态识别，通过对一维信号的适度学习实现状态识别，研究搭建 1D-CNN 的状态识别模型，并重点研究了卷积核尺度的选取，提出基于卷积核尺度与信号匹配的卷积核尺度优化方法，确定模型的最优感知野。

（4）研究基于融合特征深度学习的振动状态识别方法，搭建多向量深度卷积神经网络模型MV-CNN，将多测点、多模态振动信号作为MV-CNN学习对象，提高学习信息的完备性。

（5）研究全局-局部特征融合的深度学习方法，搭建前置全连接深度网络FV-DNN，实现了全局与局部特征的统一学习，提高了模型识别精度。

第 2 章

振动特征提取及诊断方法

振动是在电力设备中普遍存在的问题。基于振动信号进行设备状态的监测与识别是电力设备状态监测的重要手段。讨论振动问题，必然需要对振动机理、特征提取方法、模式识别方法三个重要问题进行研究。本章将以电力设备振动问题为对象，围绕这三个主要问题展开讨论；同时，研究搭建了汽轮机转子振动实验台、风力发电机组传动系统振动实验台；在此基础上，针对仿真信号、实验台模拟信号，开展特征提取、模式识别的应用研究。

2.1 电力设备振动机理

常见电力设备包括汽轮发电机组、风力发电机组、变压器等。其中旋转设备占有举足轻重的作用，它工作主要是轴系、齿轮、轴承等转动部件的旋转，是整个设备中最主要的部件。此类设备振动问题具有一定的共性，是本章重点讨论内容。当设备发生故障时，常伴有异常的振动，其振动信号就会发生变化，这些变化就可以从振动信号的幅值域、时间域、频域以及时频域反映出来，称为诊断故障信息，或故障特征。了解每种故障的特征，对于监测设备运行状态、提高诊断故障的准确度具有重要的理论意义和实际工程应用价值。

2.1.1 汽轮发电机组振动机理及特征

因为旋转设备的故障与转动部件的旋转密不可分，所以需要首先了解有关旋转和振动的相关基础。

1. 转子振动机理基础

(1) 工作转速与工作频率。工作转速是指转子转动的快慢，一般用转子每分钟转动的转数 n 来考量，单位为转/分（r/min）。与此对应，也可以用转子每秒钟转动的角度来考量，即转动角速度 ω，单位为弧度/秒（rad/s）。两者的关系为 $\omega=2\pi n/60$。

频率的概念很广泛，指的是单位时间内的次数。对于旋转机械来说，工作频率 f 与工作转速 n 相对应，即单位时间内转动的转数，单位为 Hz。

例如，汽轮发电机组在额定工况下的转速一般为 3000r/min，那么转子的工作频率 $f=$

$n/60=3000\text{r/min}\div 60=50$（Hz）。

（2）固有频率和临界转速。固有频率 ω_n 也称为自然频率（natural frequency）。物体做自由振动时，其位移随时间按正弦或余弦规律变化，振动的频率与初始条件无关，而仅与系统的固有特性有关，如质量、形状、材质等。转子作为一个机械体，本身也具有自身的固有频率。

在大量的生产实践中人们发现，当转子转速接近自身的固有频率 ω_n 时，振动就会急剧增加至无法继续工作，此时的转速被称为临界转速 n_c。当继续增大转速后，振动幅值就会降低并趋于稳定。从严格意义上讲，固有频率 ω_n 和临界转速 n_c 接近但两者并不等同。

在数值上，振幅 A 与转速 n 的关系可以表示为

$$|A|=\left|\frac{e\omega^2}{\omega_n^2-\omega^2}\right|=\left|\frac{e(\omega/\omega_n)^2}{1-(\omega/\omega_n)^2}\right| \tag{2-1}$$

$$\omega_n=\sqrt{\frac{k}{m}} \tag{2-2}$$

式中：e 为偏心距；k 为转子刚度；m 为质量。

在此基础上定义放大因子为

$$\beta=\frac{|A|}{e}=\frac{(\omega/\omega_n)^2}{1-(\omega/\omega_n)^2}=\frac{\lambda^2}{1-\lambda^2} \tag{2-3}$$

$$\lambda=\omega/\omega_n$$

现实中需要考虑阻尼的存在，此时式（2-3）变为

$$\beta=\frac{|A|}{e}=\frac{\lambda^2}{\sqrt{(1-\lambda^2)^2+4\xi^2\lambda^2}} \tag{2-4}$$

$$\xi=\frac{c}{2m\omega_n}$$

振动的相位角可以表示为

$$\tan\varphi=\frac{2\xi\lambda}{1-\lambda^2} \tag{2-5}$$

此时可以得到振动的幅频响应与相频响应曲线，见图 2-1。

在这个基础上定义了刚性转子和柔性转子，即工作转速在临界转速之下的转子称为刚性转子，工作转速在临界转速之上的转子称为柔性转子。

2. 汽轮发电机组常见失效形式

（1）质量不平衡。由于转子偏心质量 m 和偏心距 e 的存在，当转子转动时就会产生离心力、离心矩或两者同时存在。离心力 F 的大小与偏心质量 m 和偏心距 e 以及旋转角速度 ω 有关，即 $F=me\omega^2$。这个离心力属于交变力（力的大小和方向呈周期变化），它的存在会使转子产生振动，且转子转动一周，离心力方向改变一次，这就被称为不平衡故障。造成转子不

平衡的原因很多，具体可分为原始不平衡、渐发性不平衡以及突发性不平衡等。

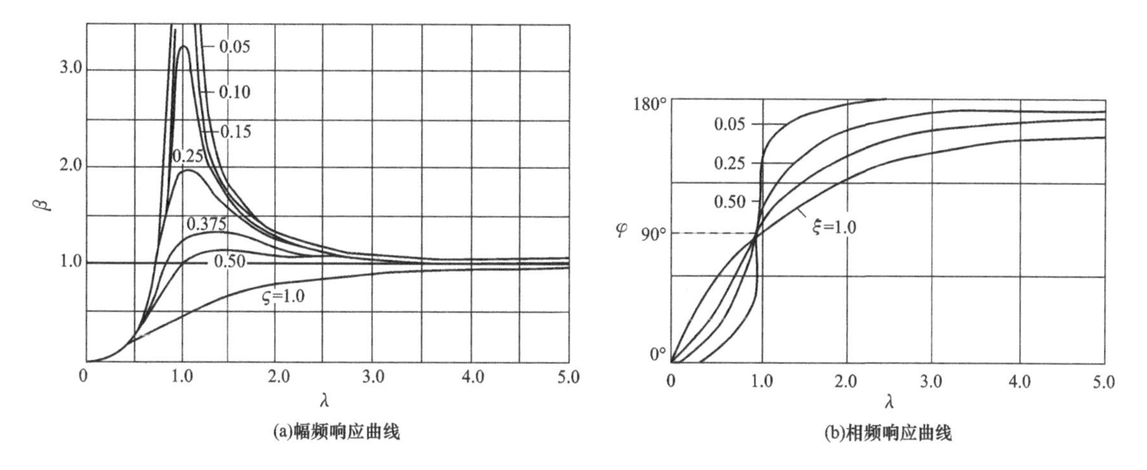

图 2-1　幅频响应与相频响应曲线

不平衡故障的主要振动特征如下：

1）振动的时域波形为近似正弦波。

2）频谱图中，谐波能量集中于基频（工作频率），并且会出现较小的高次谐波（多倍工频）。

3）当 $\omega<\omega_n$ 时，即工作在临界转速之下，振幅随着转速的增加而增大；当 $\omega>\omega_n$ 时，即工作在临界转速之上，转子转速增加时振幅会趋于一个较小的稳定值；当 $\omega\approx\omega_n$ 时，发生共振，振幅具有最大值。

4）当工作转速一定时，振动的相位是稳定的。

5）振动的轴心轨迹为椭圆。

6）进动特征为正进动。

（2）不对中。大型旋转设备常常由多个转子组成，各个转子之间用联轴器连接构成轴系。但由于机械的安装误差、工作状态下的热膨胀、承载后的变形以及基础的不均匀沉降等，有可能会造成设备工作时各转子轴线之间产生不对中。

1）不对中故障包括轴承不对中和轴系不对中两种情况。一类是轴承不对中，它是轴径在轴承中偏斜引起的，这种情况本身不会引发振动，而是影响油膜的性能和阻尼。另一类为轴系不对中，即转子在用联轴器连接时不处于同一直线上。通常所讲的不对中为轴系不对中，它分为三类：

a. 平行不对中：轴线平行位移。

b. 角度不对中：轴线交叉成一定角度。

c. 综合不对中：轴线位移且交叉。

不对中示意如图 2-2 所示。

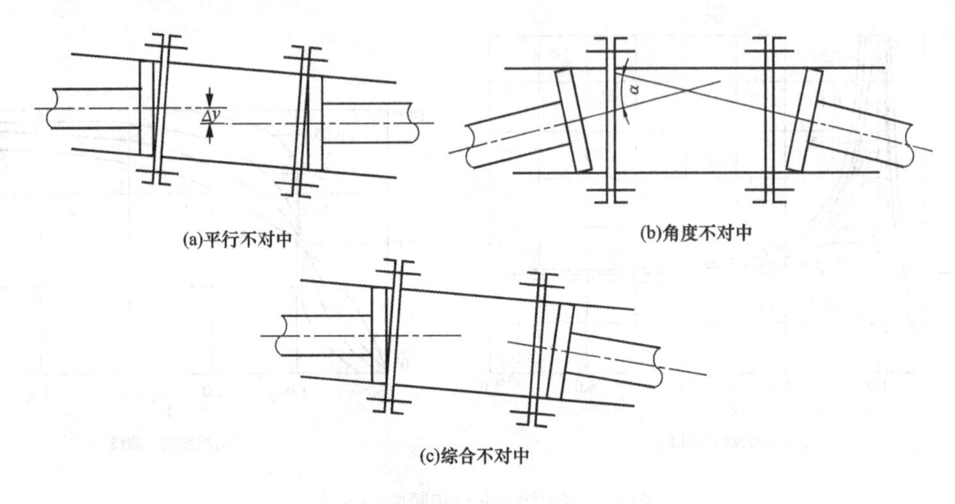

(a)平行不对中　(b)角度不对中　(c)综合不对中

图 2-2　不对中示意

2）不对中是非常普遍的故障，即使采用自动调位轴承和可调节联轴器也难以保证绝对对中。当不对中程度过大时，就会对设备造成一系列损害，如轴承碰摩、油膜失稳、轴节咬死、轴的挠曲变形增大等，严重时将造成灾难性事故。

不对中故障的振动特征主要体现在以下方面：

a. 时域波形为工频和 2 倍频的叠加波形。

b. 频谱图中 2 倍频幅值较为明显，并且伴有高次谐波。

c. 振动方向以轴向为主，对于角度不对中和综合不对中也存在较大的径向振动。

d. 振动及振动相位较为稳定。

e. 轴心轨迹一般为双环椭圆。

f. 进动特征为正进动。

(3) 油膜涡动及油膜振荡。油膜轴承是旋转机械中应用最为广泛的轴承之一。在轴承中，转子与轴承孔之间存在一定间隙（一般为转子直径的千分之几），间隙内充满润滑油。转子静止时，沉在轴承底部。开始工作时，转子被转动形成的油压托起，即油膜压力。当油膜压力与外载荷平衡时，转子稳定地旋转。但设备在高速运转时，由于各种因素的影响，有时油膜压力与外载荷会失去平衡，此时就发生了油膜失稳。油膜失稳一般分为油膜涡动和油膜振荡两种情况。

转子转动时，油膜的楔形按油的平均流速绕轴瓦中心运动，造成转子被周期的油膜力作用下的振动。对油的涡动速度做定量分析可知，转子表面的油的流速与转动速度相同，而贴近轴瓦的油的流速为 0，故油的平均流速约为转速的一半，也就形成了同样周期的油膜力。由此造成了转子发生频率为 1/2 转速的振动，即油膜涡动，也称作半速涡动。其振动特征为：

1）时域波形存在低频成分。

2）频谱图上除工频外，还存在半频成分。

3）振动方向为径向。

4）轴心轨迹为双环椭圆。

随着转速不断增高，半速涡动的频率也会不断升高。当转速升高到转子第一阶临界转速的2倍以上时，半速涡动频率有可能达到第一阶临界转速，此时会发生共振，造成振幅骤增，幅值会接近或超过工频振幅，若继续提高转速，转子的涡动频率保持不变。这种现象被称为油膜振荡。油膜振荡的振动特征与油膜涡动类似，只是油膜振荡发生在2倍临界转速之上，振幅急剧增加，即使再提高转速，振幅也不会下降。轴心轨迹不规则。

（4）动静碰摩。在旋转机械中，为了提高设备效率，往往将轴封、级间密封、油封间隙和顶隙设计得较小。然而过小的间隙会使转子与静子部件发生摩擦，称之为碰摩。碰摩会引发较大振动，对设备产生损害。碰摩一般分为径向碰摩和轴向碰摩。

径向碰摩是指转子在涡动过程中轴颈或转子外缘与静子接触而产生的摩擦。径向碰摩分为两种情况：局部碰摩和全周碰摩。局部碰摩是转子与静子发生偶然性或周期性的摩擦，全周碰摩是转子与静子发生较大弧段甚至是360°的接触摩擦。碰摩主要具有如下振动特征：

1）时域波形存在削波，局部碰摩削波较为轻微，全周碰磨削波明显。

2）频谱图上出现高倍频以及低次谐波。

3）振动方向为径向。

4）局部碰摩的进动方向为正向，全周碰摩发生反向进动。

对于轴向摩擦，转子的振动特征几乎与正常状态一致，没有明显的异常振动特征。此时就不能依靠振动特征识别轴向碰摩。根据经验，一般情况下利用对阻尼、功耗、效率以及温度的监测来诊断轴向碰摩。

（5）转子弯曲。转子弯曲分为永久弯曲和临时弯曲，两者产生故障的机理相同，都会由于弯曲产生类似质量偏心的旋转矢量激振力，因而会在轴向产生较大的工频振动。

（6）支撑松动。转子支撑部件连接松动是指系统结合面存在间隙或连接刚度不足，造成机械阻尼偏低，设备运行过程中振动过大的一种故障。故障发生时常伴有高频振动，轴心轨迹较为紊乱。

（7）转子裂纹。对于转速高、载荷大的旋转机械来说，转轴上容易出现横向疲劳裂纹，严重时还会导致断轴的严重事故。转轴上一旦出现裂纹，转轴的刚度就不再具有各向同性，振动就会带有非线性性质，出现高倍频分量。裂纹扩展时，刚度进一步下降，振动幅值也会增大。这些特征与不平衡故障相似，但此类故障的相位角会发生不规则波动。

（8）汽流激振。大型离心式压缩机、蒸汽透平的轴端密封和级间密封常采用迷宫密封（梳齿密封）。工质气体在迷宫密封中的流动是一种复杂的三维流动。当转子因挠曲、偏磨、不同心或旋转产生涡动运动时，密封腔内的周向间隙将会不均匀，即使密封腔入口处压力的周向分布是均匀的，在密封腔出口处也会形成不均匀的周向压力分布，从而产生振动的激振力，导致转子运动失稳，发生异常振动。此类故障的振动特征与油膜振荡相似，不同的是，汽流激振对工质的压力以及负荷的变化十分敏感。

2.1.2 风力发电机组齿轮振动机理及特征

由于风力发电机组地处偏远，常常工作在极端恶劣的天气条件下，风速和风向具有很大的随机性，这使得风力发电机组在工作运行过程中会产生一些比较特殊的问题，如当风轮叶片的攻角发生变化时，会使得叶尖速比偏离最佳值，叶片摆振与挥舞会导致塔架共振和弯曲，而这些问题都容易引起风力发电机组一些重要零部件尤其是风力发电机组传动链上的一些部件发生故障，而常见的风力发电机组传动链故障主要有主轴故障、齿轮箱故障、轴承故障。

传动系统组成如图 2-3 所示。

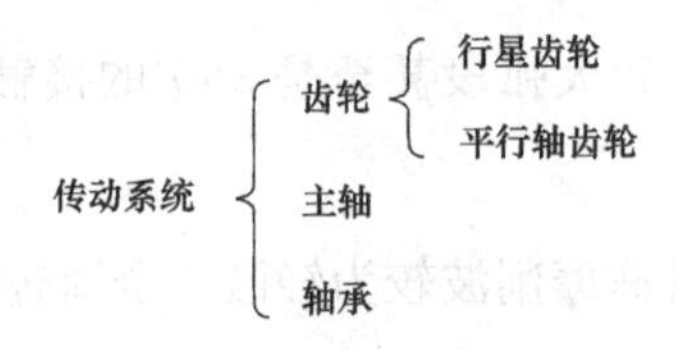

图 2-3 传动系统组成

1. 齿轮失效机理及特征

风力发电机组中通常布置一个齿轮箱以用作转速增速使用，齿轮箱可以将主轴低转速、高转矩的动能通过多级行星齿轮系以及轴系构成的齿轮轮系增速传动至发电机驱动端转轴高转速、低转矩的动能，以供后续发电机进行机械能与电能的转换。齿轮箱轮系之间具有较大的传动比，通常风力发电机组所使用的齿轮箱传动比需控制在 80～100 以满足增速要求。风力发电设备一般工作在具备复杂天气条件的外界环境当中，这导致齿轮箱经常性地受到冲击载荷的影响，因此导致齿轮箱成为风力发电机中的易损部件。

齿轮啮合是非常复杂的非线性动力学过程，应首先根据齿轮副具体的啮合模型特征建立适当的简化方程：由于齿轮具有质量和弹性，因此可以把齿轮副看作是一个二阶动力系统；在齿轮啮合的过程中，齿轮的刚度会发生周期性的变化，同时扭矩也会发生变化，这些因素会导致齿轮发生扭转运动，扭转运动会诱发齿轮的径向和轴向振动，齿轮振动会通过轴、轴承和轴承座传递到箱体，从而引起箱体的振动。建立图 2-4 所示的齿轮副啮合物理模型的动力学方程。

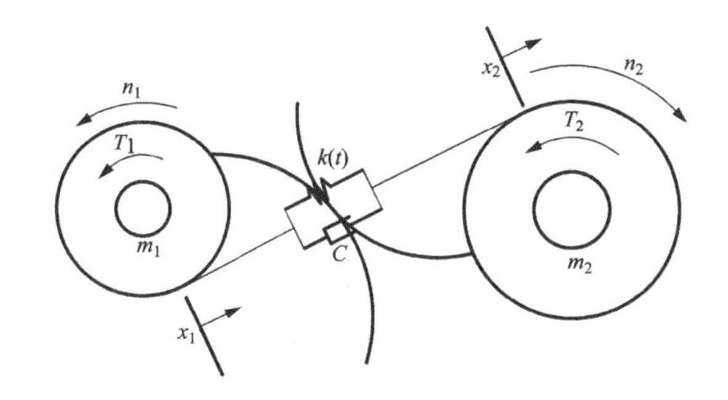

图 2-4　齿轮副啮合物理模型

注：$k(t)$ 为刚度随时间的函数；C 为阻尼；m 为质量；T 为扭矩；n 为转速；x 为接触面法相位移。

因为齿轮正常运转状态下，不存在故障激振力，所以齿轮的振动信号只包含啮合频率及其谐波成分。

啮合频率可以表示为

$$f_{\mathrm{m}}=\begin{cases}\dfrac{z\times n}{60} & \text{平行轴齿轮}\\ f_{\mathrm{c}}\times z_{\mathrm{r}}=(f_{\mathrm{s}}'-f_{\mathrm{c}})\times z_{\mathrm{s}}=f_{\mathrm{pl}}\times z_{\mathrm{p}} & \text{行星齿轮}\end{cases} \tag{2-6}$$

式中：f_{m} 为啮合频率；z 为平行轴齿轮齿数；n 为转速；f_{c} 为行星架转频；z_{r} 为内齿圈齿数；f_{s}'为太阳轮转频；z_{s} 为太阳轮齿数；f_{pl}为行星轮自转频率；z_{p} 为行星轮的齿数。

振动信号可以表示为

$$x(t)=\sum_{m=1}^{N}A_{\mathrm{m}}\cos(2\pi mf_{\mathrm{m}}t+\varphi_{\mathrm{n}}) \tag{2-7}$$

式中：N 为谐波最大数目；m 为谐波阶次；A_{m} 为谐波幅值；φ_{n} 为相位角。

当齿轮出现故障（产生故障激振力）或载荷、刚度、转速变化时，振动信号的幅值、频率或相位就会出现调制现象，即调幅、调频（相）。此时，振动故障信号可以表示为

$$x(t)=\sum_{m=1}^{N}A_{\mathrm{m}}[1+a_{\mathrm{m}}(t)]\times\cos\{2\pi mf_{\mathrm{m}}t+[\varphi_{\mathrm{n}}+b_{\mathrm{m}}(t)]\} \tag{2-8}$$

式中：$a_{\mathrm{m}}(t)$ 为幅值调制函数；$b_{\mathrm{m}}(t)$ 为相位调制函数。

2. 常见失效形式

（1）断齿。齿轮箱承受载荷运转时齿轮齿根处受到循环应力作用导致齿根受力过大发生疲劳，进而产生裂纹，并且裂纹逐渐扩大，发生断齿故障。

当齿轮发生断齿故障时，断齿处在啮合时会出现较大的冲击振动，并在时域上有规律地表现出大幅值的冲击振动，冲击的频率等于断齿所在轴的转频；在频域上则会出现啮齿频率及其高阶谐波附近产生幅值大、数量多且分布宽的边频带，且边频带的间隔为断齿轴转频。

由于断齿啮合的瞬间会产生较大的冲击，会产生以齿轮各阶固有频率为载波频率、以断齿所在轴的转频及其高阶谐波为调制频率的调制边频带。

当齿轮发生断齿故障时齿轮箱振动信号的主要特征：

1）包络能量明显增加。

2）以齿轮各阶固有频率为载波频率、齿轮所在轴转频及其高阶谐波为调制频率的齿轮共振频率调制，调制边频带宽而高，解调谱出现所在轴的转频和多次高阶谐波。

3）以齿轮啮合频率及其高阶谐波为载波频率，齿轮所在轴的转频及其高阶谐波为调制频率的啮合频率调制，调制边频带宽而高，解调谱出现所在轴的转频和多次高阶谐波。

同时，风力发电机组在极端天气条件下运行时，齿轮箱箱体本身也会受到包含较大能量的冲击激励，导致其激振频率与箱体材料的固有频率接近，进而箱体本身将发生共振现象，这种现象会严重损坏箱体，使得齿轮箱因发生严重故障而无法运行。

(2) 齿轮表面磨损。齿轮箱中的齿轮在运转的过程中会因较差运行条件而受到颗粒物的磨损、腐蚀的磨损以及冲击产生的磨损。通常齿轮系中的润滑油或者外界环境混入的小颗粒会导致齿轮表面发生颗粒磨损；而齿轮系润滑油中存在的杂质也会导致齿轮表面发生腐蚀故障；同时齿轮表面在运转过程中因受到冲击作用而产生冲击磨损。

当齿轮齿面均匀磨损时，齿形在局部上不会发生较大的变化，齿轮的高阶谐波幅值以及啮合频率明显增大，没有明显的调制现象；当磨损并达到一定程度时，各阶谐波幅值以及啮合频率大幅度增加，并且阶数越高，谐波的增幅越大，振动能量增幅也越大。当齿轮齿面发生非均匀磨损时，只有局部的几个轮齿磨损，或者所有轮齿都发生磨损，但部分轮齿的磨损程度远高于剩余轮齿的磨损程度，此时故障齿轮所在的轴的转频以及倍频为调制频率的啮合频率调制现象，表现在频谱图上则为在啮合频率及其倍频附近出现幅值小并且稀疏的边频带。

(3) 齿轮表面胶合。胶合故障是指齿轮啮合表面接触时局部温度急速上升、油膜破损、啮合表面金属熔化后相接，齿轮转动后熔合的两表面再次撕裂而引发的故障。当齿轮系受到较大负载载荷时齿轮转速较低，导致齿轮表面温度较低，此时齿轮表面可能发生冷胶合故障；当负载载荷较小时齿轮转速较高，导致齿轮表面温度较高，此时齿轮表面可能发生热胶合故障。因为在风力发电机组中齿轮系受到载荷通常较小，所以通常发生热胶合故障。

(4) 齿轮表面点蚀。齿轮长时间运转时受到循环应力的作用导致齿轮表面发生受力疲劳，导致齿面局部发生材料脱落形成小坑。而随着齿轮不停地运转，齿轮表面的损伤点不断增加，最终导致齿轮表面发生点蚀故障。

当发生点蚀故障时，在振动时域波形中出现明显的周期脉冲，在频域中出现啮合频率及其谐波，以及分布在它们周围的间隔为转速频率的边带频率成分，它们的振幅均明显增大。

（5）齿轮表面塑性变形。风力发电机组在某些极端天气如大风条件下运行时，风轮转速较高，导致齿轮箱内部齿轮受负载过大，此时齿轮轮系受到巨大外力作用，导致其材料达到屈服极限，进而发生塑性变形故障。

3. 齿轮系统的故障特征频率

齿轮系统的故障特征频率即为发生故障的齿轮与其他齿轮单位时间下的啮合次数。

（1）平行轴齿轮故障特征频率为

$$f_{\mathrm{n}} = n \times f_{\mathrm{r}} \tag{2-9}$$

式中：n 为损伤齿数，f_{r} 为旋转频率。

（2）太阳轮故障特征频率为

$$f_{\mathrm{sf}} = \begin{cases} \dfrac{f_{\mathrm{m}}}{z_{\mathrm{s}}} N & \text{局部故障} \\ \dfrac{f_{\mathrm{m}}}{z_{\mathrm{s}}} & \text{分布故障} \end{cases} \tag{2-10}$$

式中：N 为行星轮个数；f_{m} 为啮合频率；z_{s} 为太阳轮齿数。

（3）行星轮故障特征频率为

$$f_{\mathrm{p}} = \frac{f_{\mathrm{m}}}{z_{\mathrm{p}}} \tag{2-11}$$

式中：z_{p} 为行星轮的齿数。

（4）内齿圈故障特征频率为

$$f_{\mathrm{r}} = \begin{cases} \dfrac{f_{\mathrm{m}}}{z_{\mathrm{r}}} \times N & \text{局部故障} \\ \dfrac{f_{\mathrm{m}}}{z_{\mathrm{r}}} & \text{分布故障} \end{cases} \tag{2-12}$$

式中：z_{r} 为内齿圈齿数。

2.1.3　风力发电机组轴承振动机理及特征

轴承作为支撑轴系旋转的主要部件，其一直都是风力发电机组传动系统中主要的组成部件之一，当外界有异物进入轴承内部、轴承润滑不充分、外界水分进入轴承内部、轴承负载过大时都会导致轴承运转时长远远达不到设计寿命，导致轴承发生磨损、点蚀以及轴承表面剥损等故障，进而影响风力发电机组正常运行。

轴承模型如图2-5所示。

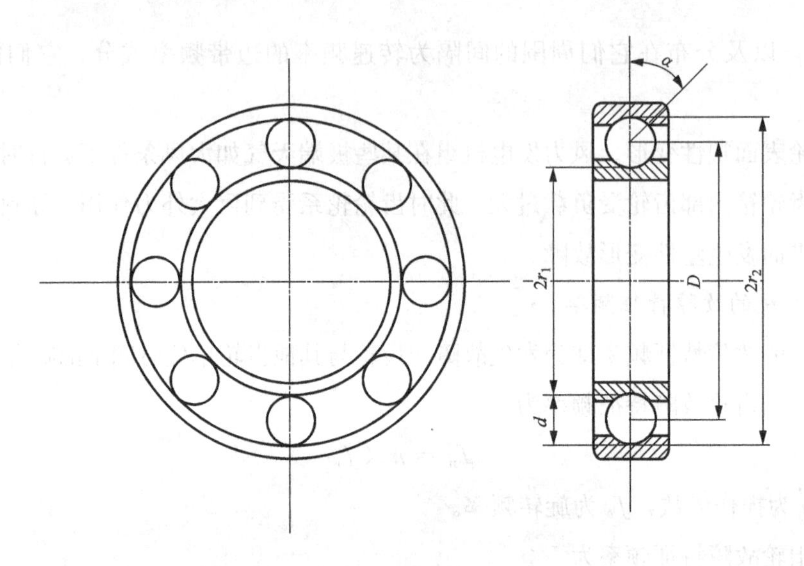

图 2-5　轴承模型

注：D 为轴承节径；d 为滚动体直径；r_1 为内圈滚道半径；r_2 为外圈滚道半径；α 为接触角。

1. 轴承失效形式

（1）轴承表面剥损。轴承作为风力发电机组传动链上的主要元件，其在转动时各部件如轴承内圈、外圈、滚子以及保持架都会受到周期性接触应力的作用，其表面逐渐发生疲劳，进而产生片状金属剥离，此时轴承发生表面剥损故障。

（2）轴承磨损。当轴承侧面密封部件损坏或轴承出厂时就存在密封不严的问题，均会导致外界颗粒杂质进入轴承内部，进而在滚子和轴承内外圈之间不断摩擦，造成轴承发生磨损故障。同时，轴承的不规范安装也会导致轴承内部元件发生磨损。

（3）塑性变形。当轴承受到较大载荷时，其接触表面因局部应力过大而导致达到材料屈服极限，进而引发轴承塑性变形，通常轴承的塑性变形故障表现在滚子与内、外圈接触表面上存在大小不一的坑口。

（4）轴承腐蚀。当轴承密封不严时外界环境以及润滑油当中的水分或其他杂质进入轴承内部，导致轴承内部元件生锈发生腐蚀。当轴承内部有大电流通过时，会导致内部元件局部温度急速上升并发生熔化现象，此时轴承发生热熔腐蚀。

（5）轴承表面胶合。同齿轮箱胶合故障一致，轴承载荷较小、转速较大时导致轴承内部元件表面温度骤升，进而导致元件之间的润滑油膜破裂，金属表面熔化后相接并撕裂发生胶合故障。

（6）断裂及共振。当轴承受到冲击载荷过大、部件疲劳剥损严重导致部件断裂、转速过快等都可能会导致轴承表面疲劳产生裂纹，并逐渐演变为断裂故障，这种故障会直接导致轴承无法运转。同样，当轴承受到包含较大能量的冲击时会激励起轴承发生自振，这将直接导致轴承发生严重的损坏，无法继续正常工作。

在计算得轴承各元件故障特征频率之后，当轴承某元件发生故障时，其所产生的冲击脉冲会引起高频的固有振动，其振动信号频谱图会出现相应轴承元件故障特征频率间隔调制现象，同时振动信号包络谱图中可以观察到相应轴承故障特征频率以及其倍频（谐频）处谱峰突出现象，证明轴承该元件发生了故障。

2. 轴承振动故障特征频率

当滚动轴承出现故障时，会产生特定频率的冲击，使其振动信号有一定特征。滚动轴承的这种特征用特征频率来表示。根据产生故障的位置不同，特征频率如下。

（1）内圈旋转频率（等于所在轴的旋转频率）为

$$f_{\mathrm{n}} = \frac{n}{60} \tag{2-13}$$

（2）一个滚动体通过内圈滚道上一点的频率为

$$f_{\mathrm{i}} = \frac{1}{2}\left(1 + \frac{d}{D}\cos\alpha\right)f_{\mathrm{n}} \tag{2-14}$$

Z 个滚动体通过内圈滚道上一点的频率，即内圈故障频率为

$$Zf_{\mathrm{i}} = \frac{1}{2}Z\left(1 + \frac{d}{D}\cos\alpha\right)f_{\mathrm{n}} \tag{2-15}$$

（3）一个滚动体通过外圈滚道上一点的频率为

$$f_{\mathrm{o}} = \frac{1}{2}\left(1 - \frac{d}{D}\cos\alpha\right)f_{\mathrm{n}} \tag{2-16}$$

Z 个滚动体通过外圈滚道上一点的频率，即外圈故障频率为

$$Zf_{\mathrm{o}} = \frac{1}{2}Z\left(1 - \frac{d}{D}\cos\alpha\right)f_{\mathrm{n}} \tag{2-17}$$

（4）滚动体上的一点通过内圈或外圈的频率，即滚动体故障频率为

$$f_{\mathrm{b}} = \frac{D}{2d}\left(1 - \frac{d^2}{D^2}\cos^2\alpha\right)f_{\mathrm{n}} \tag{2-18}$$

（5）保持架回转频率，即保持架故障频率为

$$f_{\mathrm{c}} = \frac{1}{2}\left(1 - \frac{d}{D}\cos\alpha\right)f_{\mathrm{n}} \tag{2-19}$$

以上各式中：d 为滚动体直径；D 为轴承节径（滚动轴承滚动体中心所在圆的直径）；α 为接触角（内外圈滚道垂直线与滚动体受力方向的夹角）；Z 为一个轴承内滚珠的个数。

3. 轴承振动信号的一般形式

滚动轴承由内圈、外圈、滚动体和保持架四个部件构成。当滚动轴承的某个部件出现故障时，这个受损的部件在运转的过程中会产生机械冲击，可能会激发内圈、外圈和滚动体的固有频率。轴承内圈与轴是过盈配合，两者连接成一体，要激发起内圈的固有频率需要较大

的能量，滚动体的固有频率较高，超出了一般振动加速度的测量范围，轴承外圈与轴承座的配合较为松散，由于轴承外圈松动且质量较小，因此滚动轴承故障一般会激发起轴承外圈的固有频率，形成以轴承外圈固有频率及其各阶谐波为载波、以轴承受损部件的通过频率为调制频率的调制现象。滚动轴承振动信号的一般形式为

$$y(t)=\sum x_b(t)D_b(t) \tag{2-20}$$

式中：$x_b(t)$ 为与滚动轴承外圈固有频率有关的振动；$D_b(t)$ 为滚动轴承不同部件的故障特征频率。

2.2　振动信号分类、描述与采集

从广义上讲，信号是指信息的表现形式或运载工具，即信息蕴涵于信号之中，它的形式可以是语言、文字、图像或数据等。对于设备的状态监测和故障诊断，就要对某些可以承载或反应设备状态信息的信号进行监测。对于旋转机械来说，振动信号无疑是最为重要的信号之一。

2.2.1　振动信号的分类与描述

信号分为很多种类，一般将其分为确定性信号和随机信号，具体分类如图 2-6 所示。

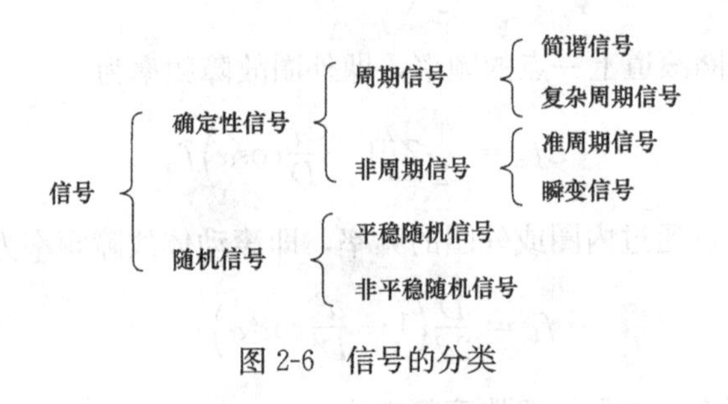

图 2-6　信号的分类

1. 确定性信号

确定性信号是指可以用明确的数学关系式来描述的信号。例如，周期信号以及复杂周期信号等。

（1）周期信号。周期信号是按照固定的周期 T 不断重复的信号，其数学表达式为

$$x(t)=x(t+nT) \tag{2-21}$$

式中：$x(t)$ 为 t 时刻的瞬时幅值；n 取 1，2，3，…；T 为周期。

1）简谐信号。从振动的角度来看，简谐振动的信号即为简谐信号。由振动基础可知，发生简谐振动的系统，一般为单自由度无阻尼振动系统。其振动表达式为

$$x(t)=x_0\sin\left(\sqrt{\frac{k}{m}}t+\varphi\right) \tag{2-22}$$

式中：$x(t)$ 为质量块在 t 时刻所处位置；x_0、φ 为初始位置和初始相位；k 为弹簧系数；m 为质量；t 为时间变量。

单自由度无阻尼振动系统如图 2-7 所示。

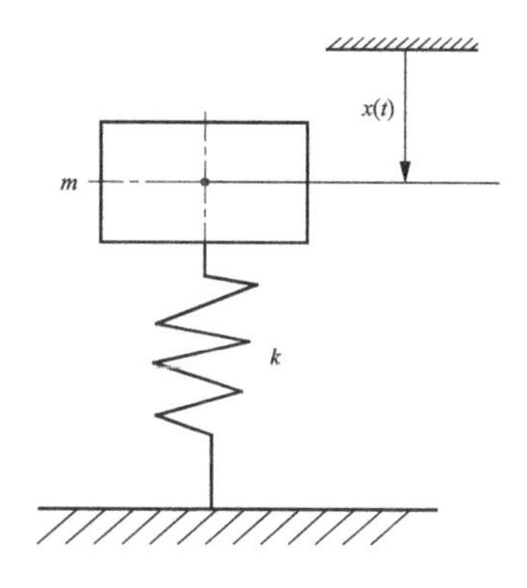

图 2-7　单自由度无阻尼振动系统

此时，若令

$$A = x_0$$

$$\omega = \sqrt{\frac{k}{m}}$$

式（2-22）的形式就可以变换得到式（2-23）。

$$x(t) = A\sin(\omega t + \varphi) \tag{2-23}$$

从信号的角度上讲，式（2-23）即为简谐信号的表达式，是一个正弦信号，其中 A 表示振幅，ω 为角速度。若从图 2-8 上来看，可以形象地认为幅值 A 表示该正弦信号的“高矮”，角速度 ω 表示“胖瘦”，而初始相位 φ 则表示信号在坐标轴上的左右位置。

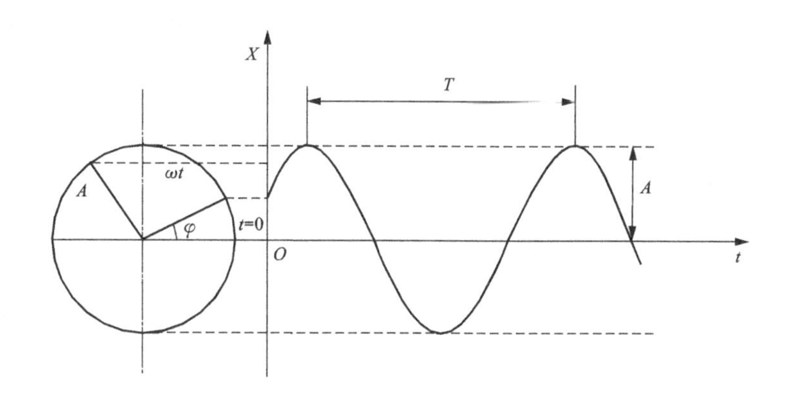

图 2-8　简谐信号

由此可以看出，数学上的正弦波、振动上的简谐振动以及信号中的简谐信号三者是对应且相通的。因此，简谐信号是周期信号中最简单的信号。

2）复杂周期信号。复杂周期信号是由 2 个或 2 个以上的简谐信号叠加而成的。其数学表达式为

$$\begin{aligned} x(t) &= x_1(t) + x_2(t) + \cdots + x_N(t) \\ &= A_1\sin(\omega_1 t + \varphi_1) + A_2\sin(\omega_2 t + \varphi_2) + \cdots + A_N\sin(\omega_n t + \varphi_n) \\ &= \sum_{i=1}^{N} A_i\sin(\omega_i t + \varphi_i) \end{aligned} \tag{2-24}$$

例如：

$$x(t) = \sin(2\pi \times 50t) + 2 \times \sin(2\pi \times 100t)$$

图 2-9 所示为两个周期信号叠加而成的复杂周期信号。

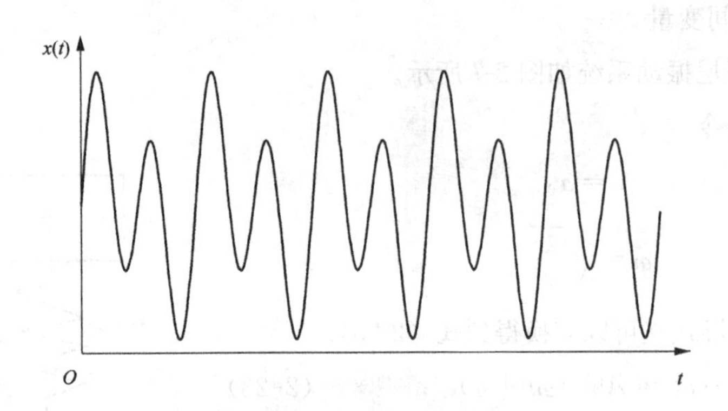

图 2-9　复杂周期信号

(2) 非周期信号。

1) 准周期信号。准周期信号是复杂周期信号的“近邻”。两者都是由 2 个或 2 个以上的简谐信号叠加而成的。不同的是，复杂周期信号可以通过各个组成信号周期的最小公倍数计算得到合成信号的周期，而准周期信号中各个组成信号的周期的最小公倍数趋于无穷大。例如：

$$x(t)=A_1\sin(\sqrt{3}t+\varphi_1)+A_2\sin(3t+\varphi_2)+A_3\sin(\sqrt{11}t+\varphi_3)$$

2) 瞬变信号。瞬变信号是指那些持续时间很短，并且有明显的开始和结束的信号。在振动领域中，一般爆炸、冲激响应的信号就属于此类信号，如图 2-10 所示。

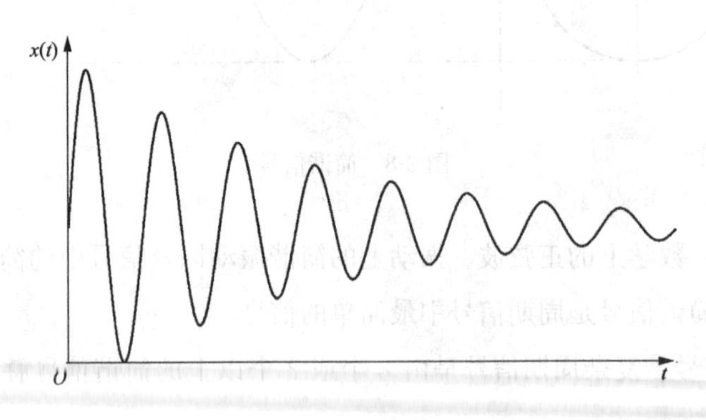

图 2-10　冲激响应信号

2. 随机信号

由确定性信号的定义，可以类似地得到随机信号的定义：无法用确定的数学关系式表示的信号。这类信号，无论是反复测量或是在无限长的时间内都不会重复得到。噪声就是十分典型的随机信号。

对于随机信号的研究，一般只能对其总体统计特征进行分析，如均值、方差（标准差）、均方值（均方根值）、概率密度函数（概率分布函数）等。

3. 信号的描述

信号作为一定物理现象的表示，它包含着丰富的信息，为了从中提取某种有用的信息，需要对信号进行必要的分析和处理。所谓“信号分析”就是采取各种物理的或数学的方法提取有用信息的过程。为了实现这个过程，从数学角度讲，需要对原始信号进行各种不同变量域的数学描述，以研究信号的构成或特征参数的估计等。因此讨论信号的描述，在一定程度上就是讨论与“信号分析”有关的数学模式及其图像。

通常以四种变量域来描述信号，即时间域、幅值域、频率域、时频域，对应的信号分析有时域分析、幅域分析、频域分析、时频分析。信号的时域和频域描述如图 2-11 所示。

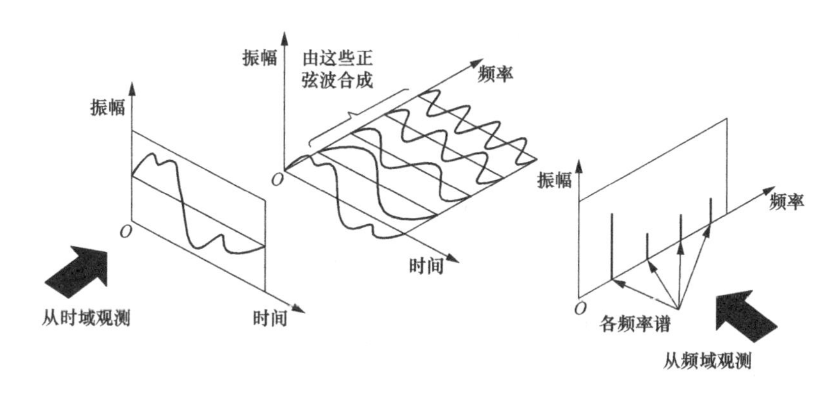

图 2-11　信号的时域和频域描述

值得指出的是，对同一被分析信号，可以根据不同的目的，在不同的分析域进行分析，从不同的角度观察和描述信号，提取信号不同的特征参数。从本质上看，信号的各种描述方法仅是从不同的角度去认识同一事物。在不同域的分析，并不改变同一信号的实质，而且信号的描述可以在不同的分析域之间相互转换，如傅里叶变换可以使信号描述从时域变换到频域，而傅里叶反变换可以从频域变换到时域。

2.2.2　振动信号的采集

1. 传感器

振动传感器是用来采集振动信号的装置。按照不同的方法，可以将振动传感器分为以下几类：①按照机械接收原理可分为相对式、惯性式；②按照机电变换原理可分为电动式、压电式、电涡流式、电感式、电容式、电阻式、光电式；③按照所测机械量可分为位移传感器、速度传感器、加速度传感器、力传感器、应变传感器、扭振传感器、扭矩传感器。

对于旋转机械来说，通常需要测量的振动参量包括振动的位移、振动的速度以及振动的加速度，相应的传感器称为位移传感器、速度传感器以及加速度传感器。目前，常见的位移传感器主要是电涡流式传感器，常用的速度和加速度传感器有压电式和应变式传感器。

传感器分类如图 2-12、图 2-13 所示。

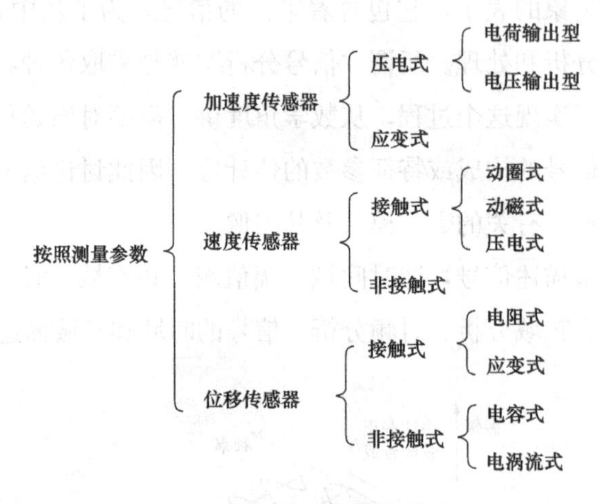

图 2-12 按照测量参数分类

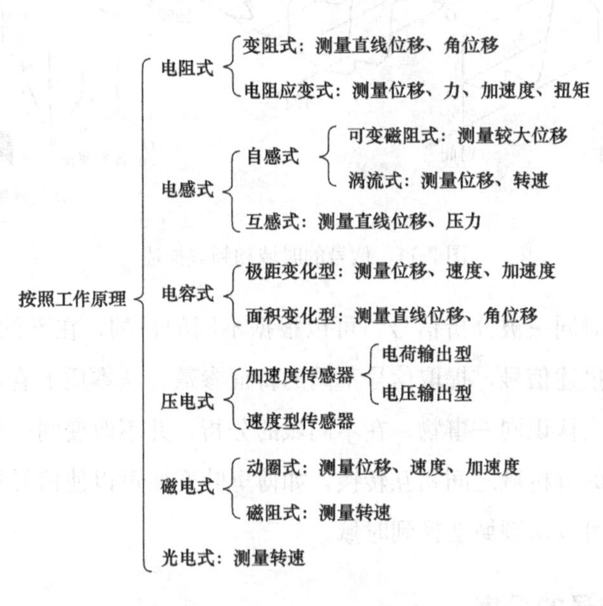

图 2-13 按照工作原理分类

（1）电涡流式位移传感器。电涡流位移传感器是非接触测量传感器。在高速旋转的机械振动研究和运行参数测量过程中，非接触测量比接触测量更能准确地搜索到转子振动的各种参数。与其他位移传感器相比，电涡流位移传感器具有测量范围宽、抗干扰能力强、不受油污等介质影响以及结构简单等优点。主要可以用来测量轴转速、轴位移、轴振动和轴心运动、轴不对中、轴偏心、差胀、壳胀、轴承油膜厚度等。

电涡流传感器是利用感应电涡流原理，当带有高频电流的线圈靠近被测金属时，线圈上的高频电流所产生的高频电磁场便在金属表面产生感应电流，电磁学上称为电涡流。电涡流效应与被测金属之间的距离、电导率、磁导率以及线圈的几何形状、几何尺寸、电流频率等参数有关。通过电路可将被测金属相对于传感器探头之间的距离变化转换成电压或电流的变化。当被测金属与探头之间的距离发生变化时，探头中线圈的电感量发生变化，进而引起振荡器的振荡电压幅值发生变化，这个随距离变化的振荡电压经过检波、滤波和线性矫正后，变成了与位移成正比的电压量输出。

由以上原理也可以看出，电涡流传感器在使用时，需要一些其他的辅助元件，如振荡器、检测电路、线性补偿等，把这些元件集成一体，被称为前置器。

（2）压电式加速度传感器。由物理学可知，某些电介质当对其沿着一定的施加外力使之变形时，其内部将发生极化现象，同时在其两个表面上产生符号相反的电荷；当外力去除后，电介质又重新恢复不带电状态。介质的这种机械能转化为电能的现象称为压电效应。研究结果表明，电介质在受到外力作用下产生压电效应时，其表面的电荷量与压电材料的电压系数、所受压强的大小、表面积有关，即

$$q = \alpha\sigma A = \alpha F \tag{2-25}$$

式中：q 为压电元件表面的电荷量，C；α 为压电系数，C/N；σ 为应力，N/m^2；F 为压电元件表面所受压力，N；

压电传感器就是利用这一原理，首先将输入的绝对振动加速度转换成质量块对壳体的相对位移，再将其转换成与相对位移成正比的力，加速度转换成力的过程是一个“弹簧-振子”系统，最后经过压电片转换成电荷输出。

（3）电阻应变式加速度传感器。电阻应变式加速度传感器利用应变片作为加速度计的力敏元件。在这种传感器中，质量块支撑在弹性体上，弹性体上贴有应变片。测量使用时，在质量块的惯性力作用下，弹性体发生应变，应变片将应变转化为电阻值的变化，最后通过测量获得电路输出的电信号（正比于加速度）。

（4）磁电式速度传感器。磁电式速度传感器是测量振动速度的典型传感器。测量时，将传感器固定在被测物体上，传感器因被测物体激振而产生强迫振动，传感器内部的质量块切割内部磁力线，进而产生感应电动势。根据电磁感应定律可知，感应电动势的大小与速度的关系为

$$e = -Blv \tag{2-26}$$

式中：e 为感应电动势，V；B 为磁场强度，T；l 为有效长度，m；v 为切割磁力线的速度，m/s。

然而，由于这种传感器只能进行接触测量，而且在结构上较为笨重，所以速度传感器一般用来测量轴承座或基础的振动。

2. 调节器

在对振动信号进行采集时，需要对采集到的信号进行调制。信号调制一般分为两种方

式：调幅，例如当采集的信号为低频缓变的微弱信号时，就需要对其进行放大；调频，例如将被测量的物理量的变化转化为频率的变化。

3. 放大器

顾名思义，放大器就是用来对信号的幅值进行放大，从而调整使其幅值与 A/D 转换器范围相适应。

4. 滤波器

滤波器就是过滤掉信号中某些频率成分的装置，另外，滤波器也是一种选频装置。一般分为低通滤波器、高通滤波器、带通滤波器和带阻滤波器。

5. 采样

按信号中自变量和幅度的取值特点，信号又可以分为连续信号和离散信号。对连续时间定义域内的任意值（除若干不连续点之外），都可以给出确定的函数值，该信号称为连续时间信号，简称连续信号（continuous signal）。幅值是连续的连续信号，又称为模拟信号（analog signal），连续信号的幅值也可以是离散的。离散时间信号的时间定义域是离散的，并简称为离散信号，它只在某些不连续的指定时刻具有函数值。一般情况下，离散信号取均匀时间间隔，其定义域称为一个整数集。数字信号（digital signal）属于离散信号，其幅值也被限定为某些离散值。显然，模拟信号是连续信号，而连续信号不一定是模拟信号。同理，数字信号是离散信号，而离散信号不一定是数字信号。

采样（sampling）就是采集连续信号的样本。连续信号是在时间上连续的，采样的过程就是把时间域的连续量转化成离散量的过程。在实际中，时间一定是连续的，信号也是随时间连续发生的，即连续信号。当连续信号被采集时，就是一次采集过程，这个过程就会涉及采样的相关参数。

（1）采样间隔。采样间隔是相邻两个采样点间的时间间隔，用 Δt 表示。

（2）采样频率。采样频率 f_s 被定义为采样间隔的倒数，其物理意义是单位时间内采样得到的样本个数，即

$$f_s = \frac{1}{\Delta t} \tag{2-27}$$

对于信号 $x(t)$，采样间隔越小，采样频率 f_s 越高，所获得的信号越逼近原信号，若采样频率 f_s 过高，则数据量就会过大，就会增加计算机的存储和处理负担；反之，采样频率 f_s 过低，则会引起原信号的失真。

在此需要指出的是，采样频率与信号频率是完全不同的两个概念。采样频率是指信号采集的属性，信号频率是信号的属性。另外，由前述可知，采样频率过低会使信号失真。Shannon 采样定理则从信号频率的角度出发，给出了信号不失真的最低的采样频率，即

$$f_s \geqslant 2f_{max} \tag{2-28}$$

式中：f_{max}为信号中最高的频率。

(3) 采样长度。采样长度是指采样样本的数量，可以用采样时长 t 或采样点数 N 来描述。两者存在以下关系，即

$$t = N \times \Delta t = \frac{N}{f_s} \tag{2-29}$$

2.2.3　振动实验台搭建

1. 转子振动实验台

本节通过 Bently-RK4 转子振动实验台来获取汽轮机转子动静碰摩（rubbing）、不平衡（imbalance）、不对中（misalignment）、油膜涡动（whirl）四种故障振动。本特利 Bently-RK4 转子振动实验台见图 2-14，其主要包括电动机、电动机速度控制装置、转轴、传感器装置、基座装置、轴承块、圆盘、传感器、碰摩螺钉以及故障组件。

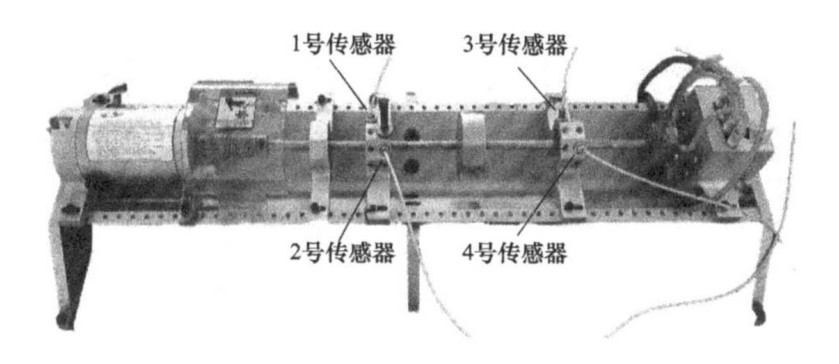

图 2-14　Bently-RK4 转子振动实验台

可通过选择不同的组件模拟不同的故障。圆盘表面有螺纹孔，可以通过固定不平衡螺栓来模拟不平衡故障；在转轴基座上螺栓孔，可通过固定螺钉调节来模拟不对中故障；有多种不同材质的碰摩螺钉，可通过更换碰摩螺钉模拟不同程度的碰摩故障；油膜涡动故障则采用油膜涡动组件模拟。传感器固定在基座固定块上。传感器位置如图 2-14 中所标注，分别在两个固定块水平和垂直方向上安装传感器采集振动信号。

2. 风力发电机组传动系统振动实验台

为了对信号与最优感知野模型的匹配性进行研究，在华北电力大学（保定）电力设备智慧监测实验室搭建了风力发电机组传动系统振动实验台，并进行了平行齿轮箱不同故障的实验，该实验台完全模拟了风力发电机组轴系的传动系统，以电动机模拟风力发电机组轴系的输入，经过行星轮以及两级平行齿轮最终动力到达输出轴。选取齿轮动力传动故障模拟实验台的平行齿轮振动数据进行分析，风力发电机组传动系统振动实验台使用的平行齿轮包括了正常、磨损、裂纹、断齿、缺齿的故障，齿轮动力传动故障模拟实验台如图 2-15 所示，各故障齿轮套件如图 2-16 所示。

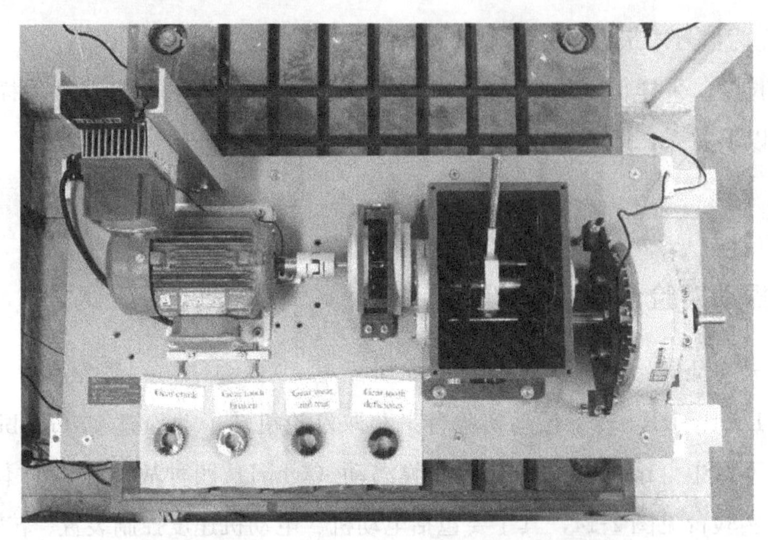

图 2-15　风力发电机组传动系统振动实验台

(a)断齿　(b)裂纹

(c)磨损　(d)缺齿

(e)剥落　(f)偏心

图 2-16　各故障齿轮套件

2.3　振动信号特征提取

2.3.1　幅域特征

时域分析的主要特点是针对信号的时间顺序，即数据产生的先后顺序；而在幅域分析中，虽然各种幅域参数可用样本时间波形来计算，但忽略了时间顺序的影响，因而数据的任意排列所计算的结果是一样的。在时域中提取信号特征的主要方法有时域波形分析和相关分析。

1. 时域波形分析

常用工程信号都是时域波形的形式，时域波形有直观、易于理解等特点。由于是最原始的信号，所以包含的信息量大，缺点是不太容易看出所包含信息与故障的联系。

2. 相关分析

相关是指两个变量 x 和 y 的相依关系。由概率统计学可知，两个随机变量 x 和 y 之间的相关性可用相关系数来描述，即

$$\rho_{xy}=\frac{E[(x-\mu_x)(y-\mu_y)]}{\sqrt{E[(x-\mu_x)^2]E[(y-\mu_y)^2]}} \tag{2-30}$$

式中：μ_x、μ_y 表示 x、y 的平均值；分子是 x 和 y 的协方差或相关矩，表征两者的相关程度，分母为两者的均方差。若 $\rho_{xy}=\pm1$，说明 x、y 是理想的线性相关；若 $\rho_{xy}=0$，表示 x、y 完全无关；若 $0<|\rho_{xy}|<1$，表示 x、y 之间有部分相关。

(1) 自相关分析。信号 $x(t)$ 的自相关函数是描述 t_1 时刻的取值与 $t_1+\tau$ 时刻的取值之间的依赖关系。离散化数据计算公式为

$$R_x(n\Delta t)=\frac{1}{N-n}\sum_{r=1}^{N-n}x(r)x(r+n)\quad n=0,1,2,\cdots,M\quad(M\ll N) \tag{2-31}$$

1）由以上定义可以看出，自相关函数具有以下性质：

a. 偶函数，即 $R_x(\tau)=R_x(-\tau)$。

b. 当 $\tau=0$ 时，自相关函数达到最大值，即

$$R_x(\tau)\leqslant R_x(0)=E[x^2(t)] \tag{2-32}$$

式中：$E[\cdot]$ 为期望值。

c. 由自相关函数可以定义自相关系数，则式（2-30）的形式变为

$$\rho_x(\tau)=R_x(\tau)/R_x(0)$$

可见

$$|\rho_x(\tau)|\leqslant1$$

进一步分析可知，假设信号 $x(t)$ 为周期 T 的信号，那么当时延 $\tau=nT$ 或（n 为整数）时，$R_x(\tau)$ 与 $R_x(0)$ 是完全重合的，$\rho_x(\tau)=1$；当 $\tau=(n+0.5)T$ 时，$R_x(\tau)$ 与 $R_x(0)$ 波形正好相反，$\rho_x(\tau)=-1$。

d. 若 $\lim\limits_{\tau\to\infty}R_x(\tau)$ 存在，则有 $R_x(\infty)=\mu_x{}^2$。

e. 若 $x(t)$ 中有一周期分量，则 $R_x(\tau)$ 中有同样周期的周期分量。

2）自相关函数和自相关系数的应用非常广泛，例如：

a. 根据自相关图的形状来判断原始信号的性质。比如周期信号的自相关函数仍为同周期的周期函数。

b. 自相关函数可用于检测随机噪声中的确定性信号。原因是周期信号或任何确定性数据在所有时间上都有其自相关函数，而随机信号则不然。

c. 自相关函数可以建立 $x(t)$ 任何时刻对未来时刻值的影响，并且可以通过傅里叶变换求得自功率谱密度函数，即

$$G_x(f)=2\int_{-\infty}^{\infty}R_x(\tau)e^{-i2\pi f\tau}d\tau \tag{2-33}$$

d. 在工程上，利用自相关函数进行故障诊断的依据。新设备或运行正常的设备，其振动信号的自相关函数往往与宽带随机噪声的自相关函数相近；而当有故障，特别是出现周期性冲击故障时，自相关函数就会出现较大峰值。

（2）互相关分析。由自相关函数的定义不难得出互相关函数。对于两个信号 $x(t)$ 和 $y(t)$，两者的互相关函数定义为

$$R_{xy}(n\Delta t)=\frac{1}{N-n}\sum_{r=1}^{N-n}x(r)y(r+n) \tag{2-34}$$

互相关函数具有以下性质：

1）非奇非偶函数，满足 $R_{xy}(\tau)=R_{yx}(-\tau)$。

2）若两个具有零均值的平稳随机信号 $x(t)$ 和 $y(t)$ 是相互独立的，则有 $R_{xy}(\tau)=0$。

3）若 $x(t)$ 和 $y(t)$ 含有相同频率的周期成分，那么两者的互相关函数中也有该频率的周期成分，在实际中常利用该性质检测隐藏在噪声中的有规律的信号。

由互相关函数同样可以定义得到互相关系数，即

$$\rho_{xy}(\tau)=\frac{R_{xy}(\tau)}{\sqrt{R_x(0)R_y(0)}} \tag{2-35}$$

且有

$$|\rho_{xy}(\tau)|\leqslant 1$$

2.3.2 时域特征

在信号的分析过程中以时间为自变量来描述物理量变化是信号最基本、最直观的表达形

式。在时域内对信号进行滤波、统计特征计算、相关性分析等处理，统称为信号的时域分析。通过时域分析方法，可以有效提高信噪比，求取信号波形在不同时刻的相似性和关联性，获得反映机械设备运行状态的特征参数，为机械系统动态分析和故障诊断提供有效的信息。

信号的时域分析是指对信号的各种时域参数、指标的估计或计算，常用的时域参数和指标包括：

（1）均值：各态历经随机信号的平均值 μ_x 反映信号的静态分量，即常值分量，表示为

$$\mu_x = \lim_{T\to\infty}\frac{1}{T}\int_0^T x(t)\,\mathrm{d}t \tag{2-36}$$

式中：T 为样本长度；$x(t)$ 表示某一样本函数。

（2）均方值：各态历经信号的均方值 Ψ_x^2 反映的是信号的能量或强度的大小，表示为

$$\psi_x^2 = \lim_{T\to\infty}\frac{1}{T}\int_0^T x^2(t)\,\mathrm{d}t \tag{2-37}$$

（3）均方根值：为均方值 ψ_x^2 的正平方根，即 $x_{\mathrm{rms}}=\sqrt{\psi_x^2}$；均方根值又称为有效值，是信号的平均能量的一种表达。

（4）方差：方差 σ_x^2 描述的是随机信号的动态分量，即反映的是 $x(t)$ 偏离平均值的波动情况，表示为

$$\sigma_x^2 = \lim_{T\to\infty}\frac{1}{T}\int_0^T [x(t)-\mu_x]^2\,\mathrm{d}t = \psi_x^2-\mu_x^2 \tag{2-38}$$

（5）标准差：σ_x 为方差的平方根，即

$$\sigma_x = \sqrt{\sigma_x^2} = \sqrt{\psi_x^2-\mu_x^2}$$

（6）峭度：峭度指标是无量纲参数，由于它与机械装置转速、尺寸、载荷等都无关，对冲击信号十分敏感，特别适用于表面损伤类故障，尤其是早期机械故障的诊断。峭度指标表达式为

$$K = \frac{\int_{-\infty}^{+\infty}[x(t)-\overline{x}]^4 p(x)\,\mathrm{d}x}{\sigma^4} \tag{2-39}$$

峭度指标的绝对值越大表明机械装置偏离其正常状态越大，即故障越严重。当峭度指标 $K>8$ 时，则可能出现严重故障。

在图 2-17 中，当 $K=3$ 时，定义为分布曲线具有正常峰峰度（即零峭度）；当 $K>3$ 时，分布曲线具有正峭度。当标准差 σ_x 小于正常状态下的标准差，即观测值的分散程度较小时，K 增大，此时正态分布曲线峰顶的高度高于正常正态分布曲线，故称为正峭度。当 $K<3$ 时，分布曲线具有负峭度。当标准差 σ_x 大于正常状态下的标准差，即观测值的分散程度较大时，K 减小，此时正态分布曲线峰顶的高度低于正常正态分布曲线，故称为负峭度。

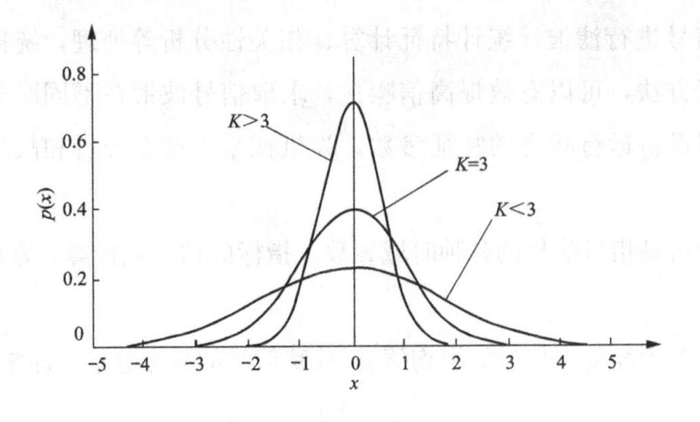

图 2-17　峭度

(7) 概率密度函数。概率密度函数表示随机信号的瞬时幅值落在指定区间（范围）内的概率，如图 2-18 所示。

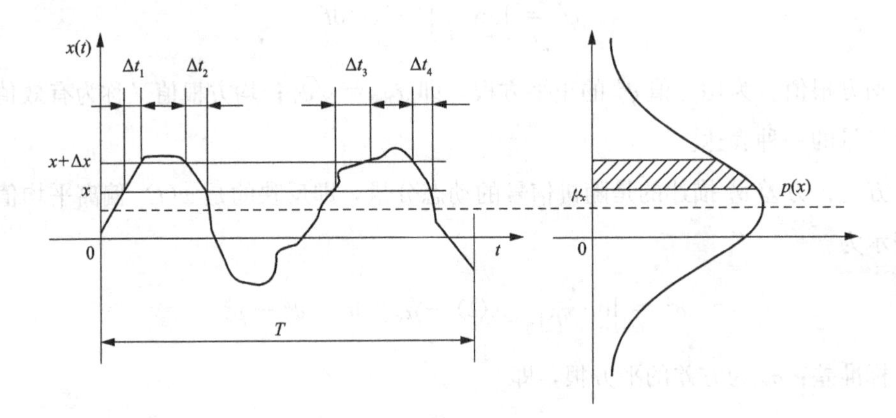

图 2-18　概率密度函数

对长度为 T 的随机信号样本记录，$x(t)$ 瞬时幅值落在（x，$x+\Delta x$）区间内的总时间为

$$T_x = \Delta t_1 + \Delta t_2 + \cdots + \Delta t_n = \sum_{i=1}^{n} \Delta t_i \tag{2-40}$$

当样本记录长度 T 趋于无穷时，$\frac{T_x}{T}$将趋于 $x(t)$ 的幅值落在区间（x，$x+\Delta x$）的概率，即

$$P_r[x < x(t) \leqslant x + \Delta x] = \lim_{T\to\infty} \frac{T_x}{T} \tag{2-41}$$

当 $\Delta x \to 0$ 时，可定义概率密度函数为

$$P(x) = \lim_{\Delta x\to 0} \frac{P_r[x < x(t) \leqslant x + \Delta x]}{\Delta x} \tag{2-42}$$

概率密度函数提供了随机信号的幅值分布信息，是随机信号的主要特征参数之一。随机信号的概率密度函数和概率分布函数如图 2-19 所示。

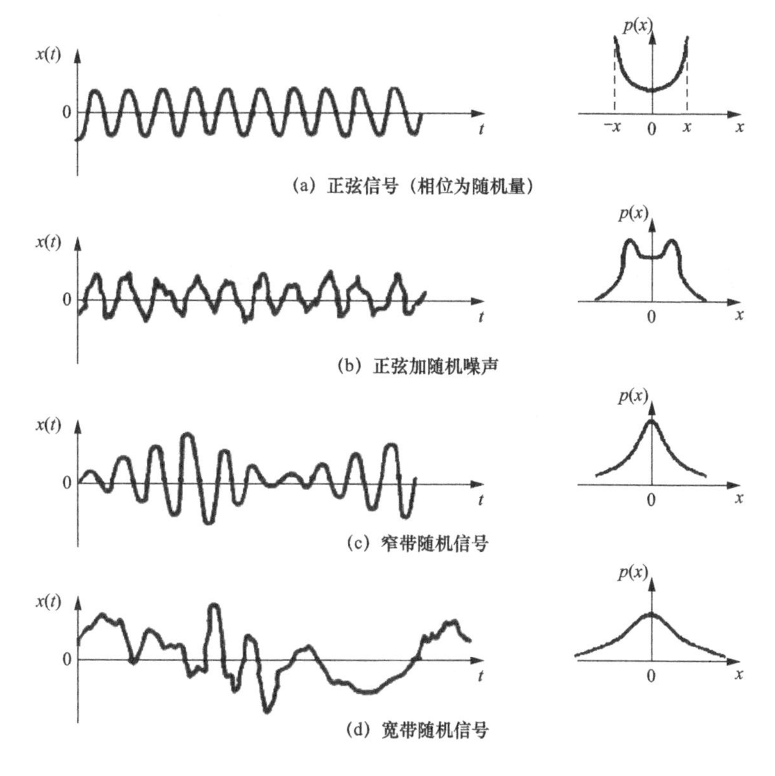

图 2-19　随机信号的概率密度函数和概率分布函数

概率密度函数可用于机器状态判断，通过观察概率密度曲线图可以对机器的磨损程度以及故障状态进行监测。新齿轮箱噪声的概率密度曲线如图 2-20（a）所示，旧齿轮箱噪声的概率密度曲线如图 2-20（b）所示。

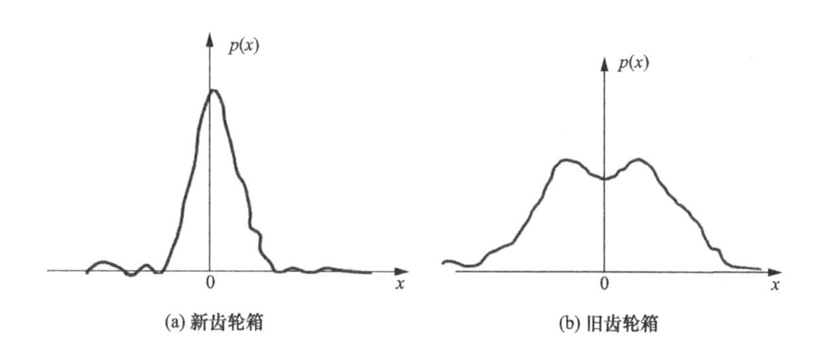

图 2-20　齿轮箱噪声的概率密度曲线

2.3.3　频域特征

频域分析是机械故障诊断中最为常用的信号处理方法之一。振动信号采集时是按照时间历程，记录振幅的变化，也就是在“时间-幅值（t-A）”坐标下观测信号。在这个角度下观测信号很难得到信号包含的频率成分。频谱分析就是把信号 $x(t)$ 投影到"频率-幅值（f-A）"坐标下观测信号。

信号的频域分析包括幅值谱分析、相位谱分析和功率谱分析。本小节主要介绍幅值谱和相位谱。

1. 傅里叶级数

一个周期为 T 的周期信号 $x(t)$ 可以按傅里叶变换展开为各次谐波分量之和，即傅里叶级数（Fourier Series）。

$$\begin{aligned} x(t) &= x(t+nT) \\ &= \frac{a_0}{2} + \sum_{n=1}^{\infty}(a_n \cos n\omega t + b_n \sin n\omega t) \end{aligned} \tag{2-43}$$

式中：ω 为角速度；a_n 和 b_n 为振幅。

$$\omega = \frac{2\pi}{T} \tag{2-44}$$

$$a_n = \frac{2}{T}\int_0^T x(t)\cos n\omega t\,\mathrm{d}t \tag{2-45}$$

$$b_n = \frac{2}{T}\int_0^T x(t)\sin n\omega t\,\mathrm{d}t \tag{2-46}$$

此时，令

$$A_n = \sqrt{a_n^2 + b_n^2}$$

$$\varphi_n = \arctan\left(\frac{b_n}{a_n}\right)$$

那么可以得到信号 $x(t)$ 的幅值谱 A_n-ω、相位谱 φ_n-ω 以及功率谱 $A_n{}^2$-ω。信号 $x(t)$ 的傅里叶级数也可以写成复数形式，即

$$x(t) = \sum_{n=-\infty}^{\infty} C_n e^{in\omega t} \tag{2-47}$$

$$C_n = \frac{1}{2}(a_n - ib_n) \tag{2-48}$$

其中，$2|C_n| = A_n$，$|C_n|$-ω 也被称为幅值谱。

2. 傅里叶变换

对于更一般的非周期信号，若其在实数域上满足绝对可积的条件，那么可以将其看作是周期 $T=\infty$ 的信号，此时傅里叶级数可以推广到更一般的函数，也就是傅里叶积分。

$$X(\omega) = \int_{-\infty}^{\infty} x(t)\mathrm{e}^{-i\omega t}\,\mathrm{d}t \quad 或 \quad X(f) = \int_{-\infty}^{\infty} x(t)\mathrm{e}^{-i2\pi ft}\,\mathrm{d}t \tag{2-49}$$

式中：ω 为角速度；f 为频率，两者存在关系：$\omega = 2\pi f$。这个过程被称为傅里叶变换；反之，若已知 $X(\omega)$ 或 $X(f)$ 求 $x(t)$，被称为傅里叶反变换。

$$x(t)=\int_{-\infty}^{\infty}X(\omega)\mathrm{e}^{i\omega t}\mathrm{d}\omega \quad 或 \quad x(t)=\int_{-\infty}^{\infty}X(f)\mathrm{e}^{i2\pi ft}\mathrm{d}f \tag{2-50}$$

式（2-49）和式（2-50）被称为傅里叶变换对。从本质上讲，傅里叶变换就是将信号 $x(t)$ 向正交基函数 $\mathrm{e}^{i2\pi ft}$ 映射的过程。

在计算时，$x(t)$ 往往为离散的信号，这个过程也就成为离散傅里叶变换。实际工程中应用最广泛的傅里叶算法为离散傅里叶变换的快速计算方法，简称快速傅里叶变换（fast fourier transformation，FFT）。

2.3.4　时频特征

时域分析和频域分析的不足之处在于只能从时间或频率的角度观测信号，无法观测各个频率成分随时间的变化情况，即信号频率的时变特性。而振动信号，尤其是故障状态下的振动信号，往往是非线性、非平稳的信号，更多时候需要同时观测其时域和频域信息。时频分析方法则实现了这一目的。

1. 小波分析

傅里叶变换的局限性在于它只能获得信号整体的频谱特征，而且只适用于确定的平稳信号，这一问题的根源在于基函数是固定的。小波变换基于可以伸缩和平移的基函数，弥补了傅里叶变换的缺陷。

（1）小波变换。与傅里叶变换类似，小波变换的思想也是将信号 $x(t)$ 用某一函数族来表示，称为小波。

$$\Psi_{a,b}(t)=a^{-1/2}\Psi\left(\frac{t-b}{a}\right) \tag{2-51}$$

式中：$\Psi\left(\frac{t-b}{a}\right)$被称为基本小波或母小波。那么，信号 $x(t)$ 的小波变换为

$$WT_x(a,b)=a^{-1/2}\int_{-\infty}^{+\infty}x(t)\Psi^*\left(\frac{t-b}{a}\right)\mathrm{d}t \tag{2-52}$$

式中：Ψ^* 为 Ψ 的共轭函数。

可以看出，小波正是用小波基函数代替了傅里叶变换中固定不变的基函数 $\mathrm{e}^{i2\pi ft}$，将信号以小波基函数的形式分解到各个频带中去。不同的是，小波基函数中的 a、b 实现了基函数的伸缩和平移，即用大尺度观察信号的总体，用小尺度观察信号的细节。也就是说，小波变换对信号的局部分析能力是可以自适应变化的，在信号的高频段部分，小波变换的时间分辨率很高，而在低频段部分，小波变换的频率分辨率会较高。

在进行小波变换时需选择小波基，每个小波的波形不一样，其对称性、正则性、紧支撑性都不尽相同。因此，在处理不同的信号时选择的小波基也不一样。Matlab 中的 15 种小波基函数见表 2-1。

表 2-1　　Matlab 中的 15 种小波基函数

小波基函数	缩写	表示形式	举例	小波基函数	缩写	表示形式	举例
Haar	haar	haar	haar	Gaus	gaus	gaus*N*	Gaus3
Daubechies	db	db*N*	db3	Dmey	dmey	dmey	dmey
Biorthogonal	bior	bior*Nr*. *Nd*	bior2. 4	ReverseBior	rbio	rbio*Nr*. *Nd*	Rbio2. 4
Coiflets	coif	coif*N*	coif3	Cgau	cgau	cgau*N*	cgau3
Symlets	sym	sym*N*	sym2	Comr	comr	comr	comr
Morlet	morl	morl	morl	Fbsp	fbsp	fbsp	fbsp
Mexican Hat	mexh	mexh	mexh	Shan	shan	shan	shan
Meyer	meyr	meyr	meyr				

（2）小波包变换。小波变换分解方式中，信号的高频频带的时间分辨率高而频率分辨率低，低频频带的时间分辨率低而频率分辨率高。在实际应用中，有时更需要细致观察信号的高频频带，即需要高频频带具有较高的频率分辨率。小波包（wavelet packet）变换则给出了解决途径。与小波变换相比，小波包变换对滤出的高频成分也同样实施分解，因此小波包变换是一种更精细的分解。从图 2-21 中可以更加直观地看出小波变换和小波包变换的区别。

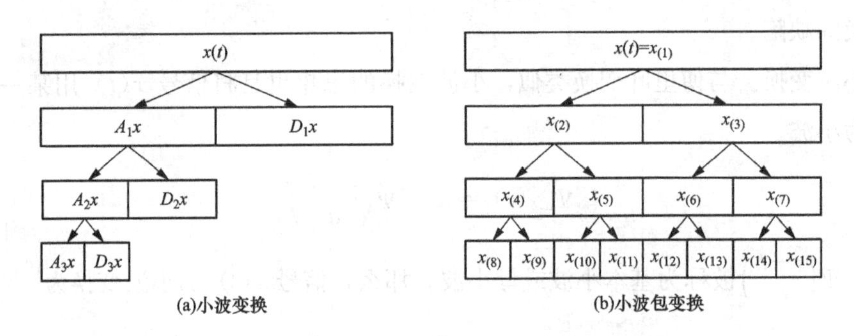

图 2-21　小波变换和小波包变换

2. 经验模态分解及希尔伯特变换

1998 年美籍华人 Norden E. H. 等人提出了一种新的信号处理方法——经验模态分解（empirical mode decomposition，EMD）。该方法本质上是对信号做平稳化处理，其结果是将信号 $x(t)$ 中存在的不同尺度下的波动或变化趋势逐级分解出来，分解成一系列具有不同特征尺度的时间序列。这些具有不同特征尺度的时间序列被称为本征模态函数（intrinsic mode function，IMF）。

（1）IMF 定义。IMF 是满足以下两个条件的函数：

1）整个时间历程中，函数穿越零点次数与极值点个数相等或者至多相差 1。

2）信号上任意一点，由极大值定义的上包络线与由极小值定义的下包络线的均值为 0，即信号关于时间轴局部对称。

（2）条件假设。为了满足上述 IMF 的定义，EMD 方法做了三条假设：

1）信号至少具有两个极值点，即一个极大值和一个极小值；

2）特征时间尺度定义为相邻两个极值点之间的时间间隔；

3）如果信号 $x(t)$ 没有极值点而仅存在拐点，那么在对其进行分解之前应首先将其微分一次或者多次，进而获得极值点，然后对所得到的结果进行积分即可得到相应的分量。

在此基础上对信号进行分解，得到信号的 IMF 分量。EMD 分解过程就是一种“筛分”的过程，其流程图见图 2-22。

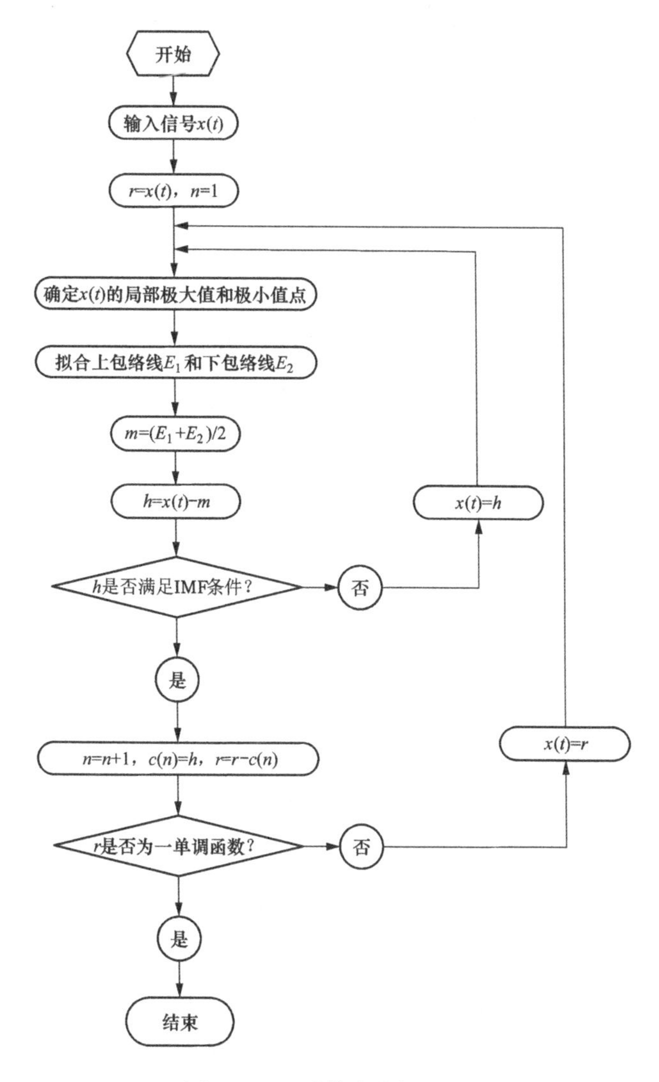

图 2-22　经验模态分解流程图

（3）EMD 分解过程。对于给定信号 $x(t)$，具体处理过程如下：

1）确定信号 $x(t)$ 上的所有极值点，利用三次样条曲线连接所有的极大值点形成信号的上包络线，连接极小值点形成下包络线。将信号 $x(t)$ 的上、下包络线的均值记作 m_1，信号与均值 m_1 的差记作 h_1，即

$$h_1 = x(t) - m_1 \tag{2-53}$$

2）将 h_1 视为新的 $x(t)$，重复上述步骤，直至 h_i 满足 IMF 的两个条件时，将其作为原始信号中筛选出的第一阶 IMF，记作 C_1。一般情况下，第一阶 IMF 分量 C_1 包含信号的最高频率成分。

3）将 C_1 从 $x(t)$ 中分离出来，即可得到一个去掉高频的差值信号，即

$$r_1 = x(t) - C_1 \tag{2-54}$$

4）将 r_1 作为“新信号”，重复上述步骤进行筛分，直至第 n 阶差值信号，称为单调信号 r_n，不能再筛分出 IMF 分量。

至此，EMD 分解完毕。可以看出，经过 EMD 分解后，信号 $x(t)$ 被分解成为 n 个 IMF 分量与 1 个残余分量 r_n，即

$$x(t) = \sum_{i=1}^{n} C_i(t) + r_n(t) \tag{2-55}$$

在式（2-55）中，$r_n(t)$ 被称为残余分量，表示信号 $x(t)$ 的平均趋势，也被称为信号的趋势项。各个 IMF 分量 $C_i(t)$ 分别代表原信号中从高到低的不同频率段成分，每个 IMF 分量中所包含的频率是不相同的，而同一 IMF 分量中不同时刻的瞬时频率也是不同的。

（4）IMF 的性质。EMD 方法将信号分解成为若干个 IMF 分量，这些分量具备以下性质。

1）自适应性。EMD 方法是一种自适应的信号处理方法，因此对于不同的信号都会得到较好的处理结果。

2）完备性。这就是说信号被分解成若干个分量后，原信号所包含的信息没有丢失，分量保留了原信号的所有信息。

3）近似正交性。每个 IMF 之间是相互正交的，即保持了分量之间的独立性，信号被分解后没有出现冗余现象。

4）分量的调制性。在采集到的信号中，多数为非平稳信号，而经过 EMD 处理后就得到了相对平稳的 IMF 分量。

与之类似，集合经验模态分解（ensemble empirical mode decomposition，EEMD）针对 EMD 方法的模态混叠问题，提出了一种噪声辅助数据分析方法，EEMD 分解原理是当附加的白噪声均匀分布在整个时频空间时，该时频空间就由滤波器组分割成的不同尺度成分组成。局部均值分解（local mean decomposition，LMD）是由 Smith 提出的一种新的非线性和非平稳信号分析方法，有效改善了 EMD 存在的端点效应问题。由于 LMD 是依据信号本身

的信息进行自适应分解的，产生的PF分量具有真实的物理意义，由此得到的时频分布能够清晰准确地反映出信号能量在空间各尺度上的分布规律。

进行EMD分解后，还可以对每一个IMF进行希尔伯特变换（Hilbert transform，HT），得到各个IMF的瞬时振幅和瞬时频率，这个过程被称为希尔伯特-黄变换（Huang Hilbert transform，HHT）。如此将会得到信号 $x(t)$ 的希尔伯特三维谱、希尔伯特边际谱以及希尔伯特时频谱，这些谱图可以精确地反映信号的能量在时间和频率上的分布规律。

3. 希尔伯特振动分解法

HVD方法可以自适应的将一非稳定连续信号分解为多个幅值大小不同的分量之和，具体分解步骤如下[10]：

（1）估计幅值最大分量的瞬时频率。以一两分量非平稳信号 $x(t)$ 为例，则

$$x(t)=a_1(t)\mathrm{e}^{j\int_0^t\omega_1(t)\mathrm{d}t}+a_2(t)\mathrm{e}^{j\int_0^t\omega_2(t)\mathrm{d}t} \tag{2-56}$$

假设 $a_1(t)>a_2(t)$，通过希尔伯特变换求得瞬时频率可表示为

$$\omega(t)=\omega_1+\frac{(\omega_2-\omega_1)\left\{a_2^2(t)+2a_1(t)a_2(t)\cos\left[\int(\omega_2-\omega_1)\mathrm{d}t\right]\right\}}{a^2(t)} \tag{2-57}$$

式（2-57）表明 $\omega(t)$ 由两部分组成，一部分是幅值最大分量的瞬时频率 ω_1，另一部分是相对于 ω_1 快速变化的高频振荡部分。因此，实际中可以利用积分和低通滤波器去除 $\omega(t)$ 的高频振荡部分，将 ω_1 估计成幅值最大分量的瞬时频率。一般实际情况下，$x(t)$ 含有更多的分量，且瞬时频率表达式更为复杂，但仍可以用低通滤波器方法提取出幅值最大分量的瞬时频率。

（2）同步检测求瞬时幅值。将上述估计的瞬时频率看作参考频率 ω_r，将信号 $x(t)$ 分别与两参考正交信号相乘，得下面表达式，即

$$x_1(t)=\frac{1}{2}a_{k=r}(t)\left\{\cos(\theta_{k=r})+\cos\left[\int(\omega_{k=r}+\omega_r)\mathrm{d}t+\theta_{k=r}\right]\right\} \tag{2-58}$$

$$x_2(t)=\frac{1}{2}a_{k=r}(t)\left\{\sin(\theta_{k=r})-\sin\left[\int(\omega_{k=r}+\omega_r)\mathrm{d}t+\theta_{k=r}\right]\right\} \tag{2-59}$$

利用低通滤波器滤除式（2-58）、式（2-59）后半部分，得

$$\overline{x}_1(t)=\frac{1}{2}a_r(t)\cos\theta_r \tag{2-60}$$

$$\overline{x}_2(t)=\frac{1}{2}a_r(t)\sin\theta_r \tag{2-61}$$

求得瞬时幅值和相位为

$$a_r(t)=2\sqrt{[\overline{x}_1(t)]^2+[\overline{x}_2(t)]^2} \tag{2-62}$$

$$\theta_r = \arctan \frac{\overline{x_2(t)}}{\overline{x_1(t)}} \tag{2-63}$$

(3) 通过上述步骤提取幅值最大分量 $x_1(t)$，并将 $x(t)$ 与 $x_1(t)$ 的差作为新的初始信号，即

$$x_{N-1} = x(t) - x_1(t) \tag{2-64}$$

重复以上 (1)、(2) 两步依次获得不同幅值的分量。将式 (2-64) 的归一化标准差作为迭代终止条件 σ，当 $\sigma < 0.001$[19]时迭代停止。

通过对简单的非平稳信号的分析，对小波、EMD、HVD 等方法进行演示。非平稳信号 $x(t)$ 是由一个 100Hz 的正弦信号和一个频率范围为 10～50Hz 的 Chirp 信号的叠加，见式 (2-65)。正弦信号与 Chirp 信号的叠加信号 $x(t)$ 如图 2-23 所示，正弦信号与 Chirp 信号的叠加信号的频谱分析如图 2-24 所示。

$$x(t) = 2 \times \sin(2\pi \times 100t) + \text{Chirp} \tag{2-65}$$

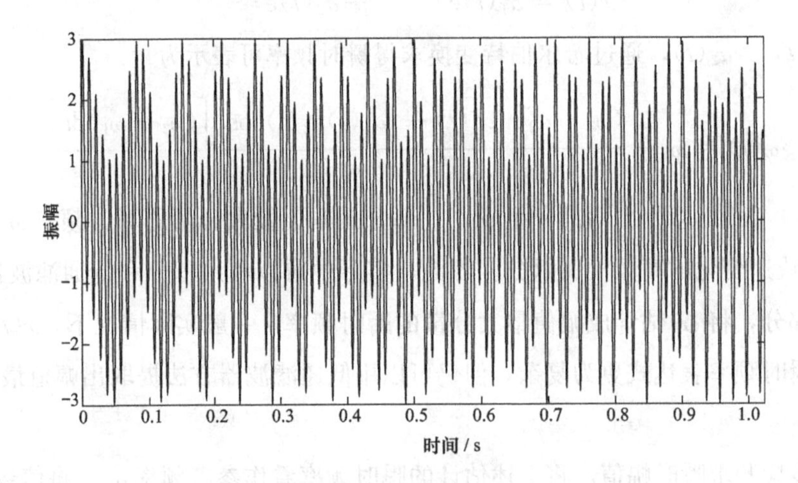

图 2-23 正弦信号与 Chirp 信号的叠加信号 $x(t)$

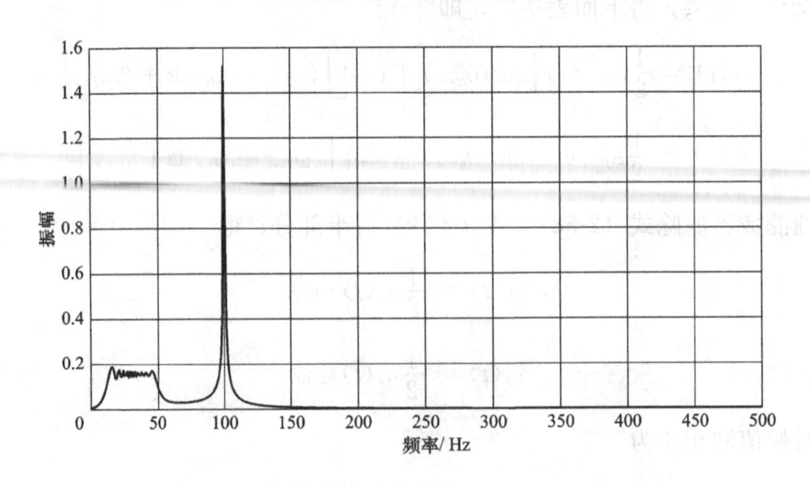

图 2-24 正弦信号与 Chirp 信号的叠加信号的频谱分析

图 2-25 所示为小波分解的结果。分解为 3 层小波分解，采用 db 小波函数，最终得到 d_1、d_2、d_3 高频分量和 a_3 低频分量。

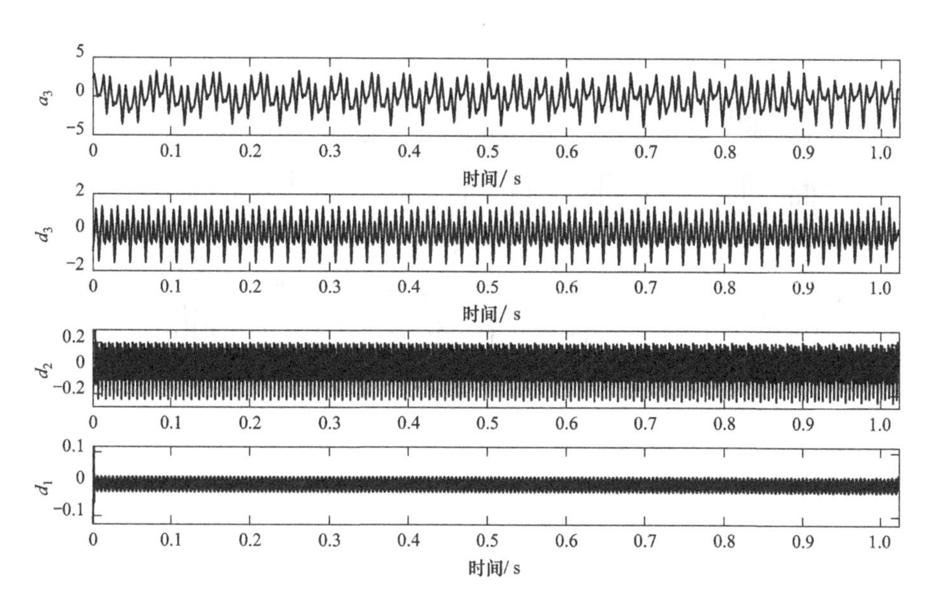

图 2-25　小波分解的结果

图 2-26 所示为 EMD 分解的结果。从分解结果上来看，很准确地得到了组成信号的两个单模态分量 C_1 和 C_2，以及一个趋势项 R_n，同时体现出其自适应的特点。

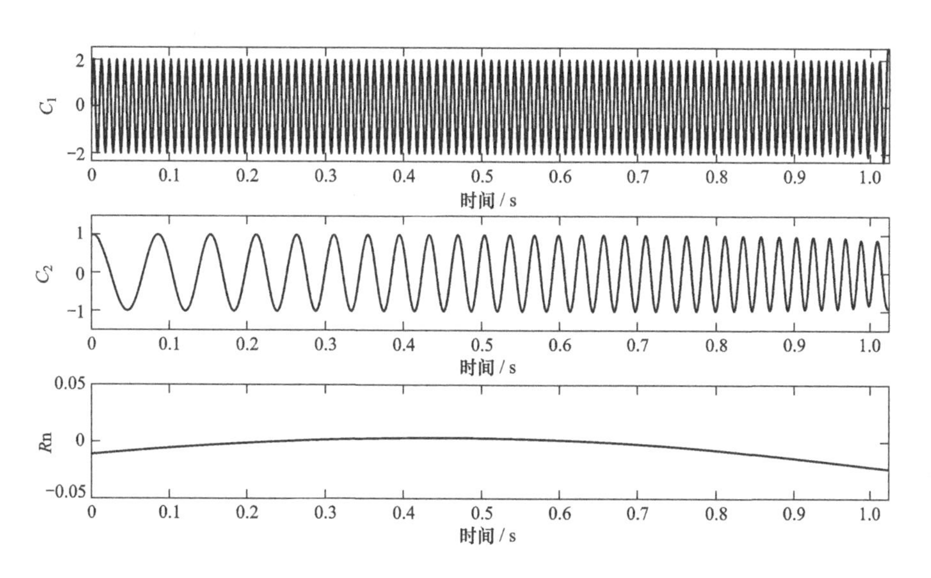

图 2-26　EMD 分解的结果

图 2-27 所示为 HVD 分解的结果。同样得到了信号的组成分量。

4. Wigner-Ville 分布

Wigner-Ville 分布（WVD）1932 年由 Wigner 提出，最初用于量子力学的研究，后于

1948 年由 Ville 将其引入信号分析领域。WVD 可以做到时间和频率同时具有较高的分辨率，因此得到了广泛的应用。在 WVD 谱中，可以看到信号自身的能量在时间-频率（t-f）联合域中的分布状况，是分析非平稳信号的重要工具。

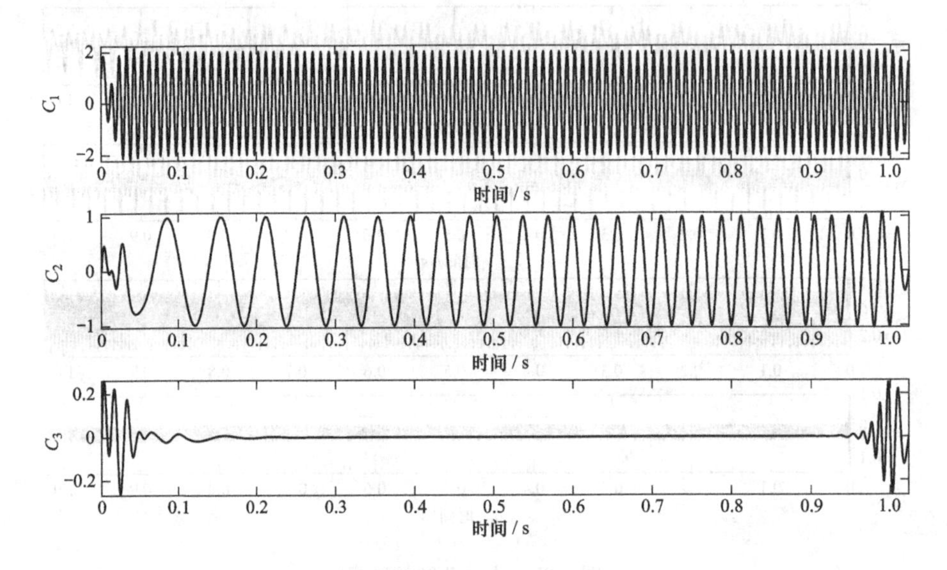

图 2-27　HVD 分解的结果

对于连续的信号 $x(t)$，其 Wigner-Ville 分布定义为该信号瞬态自相关函数的傅里叶变换，即

$$WVD_x(t,\omega)=\int_{-\infty}^{+\infty}x\left(t+\frac{\tau}{2}\right)x^*\left(t-\frac{\tau}{2}\right)\mathrm{e}^{-\mathrm{j}\omega\tau}\,\mathrm{d}\tau \tag{2-66}$$

若 $X(\omega)$ 为信号 $x(t)$ 的频谱，则该信号的 WVD 可以由频谱表示为

$$\begin{aligned}WVD_x(t,\omega)&=\frac{1}{2\pi}\int_{-\infty}^{+\infty}X^*\left(\omega+\frac{\upsilon}{2}\right)X\left(\omega-\frac{\upsilon}{2}\right)e^{-\mathrm{j}\upsilon t}\,\mathrm{d}\upsilon\\&=\frac{1}{2\pi}\int_{-\infty}^{+\infty}X\left(\omega+\frac{\upsilon}{2}\right)X^*\left(\omega-\frac{\upsilon}{2}\right)\mathrm{e}^{-\mathrm{j}\upsilon t}\,\mathrm{d}\upsilon\end{aligned} \tag{2-67}$$

式中：$x^*(t)$ 是 $x(t)$ 的复共轭。

由信号 $x(t)$ 的中心协方差定义可得

$$C(\tau,t)=x^*\left(t-\frac{\tau}{2}\right)x\left(t+\frac{\tau}{2}\right) \tag{2-68}$$

根据式（2-68）可以看出，信号 $x(t)$ 的 WVD 的定义本质上就是该信号的中心协方差的傅里叶变换。

式（2-67）中是在整个时间轴上积分，显然在实际中是不可能实现的。因此需要对信号 $x(t)$ 进行加窗处理，这就被称为伪 WVD，是 WVD 的一个近似。对于采样间隔为 Δt 的信号，其 WVD 定义为

$$WVD_x(n\Delta t,\omega) = 2\Delta t\sum_{-\infty}^{+\infty} x[(n+k)\Delta t]x^*[(n-k)\Delta t]\mathrm{e}^{-\mathrm{j}2\omega k\Delta t} \tag{2-69}$$

WVD 具有很多优良特性，如时移不变性、频移不变性、时域与频域的有界性、对称性、边缘性、可加性、复共轭等特性，除此之外，*WVD* 还可以同时获得较高的时频分辨率。

以频率范围为 10～100Hz 的 Chirp 信号为例，对该 Chirp 信号进行 *WVD* 分析，得到其灰度图，见图 2-28。

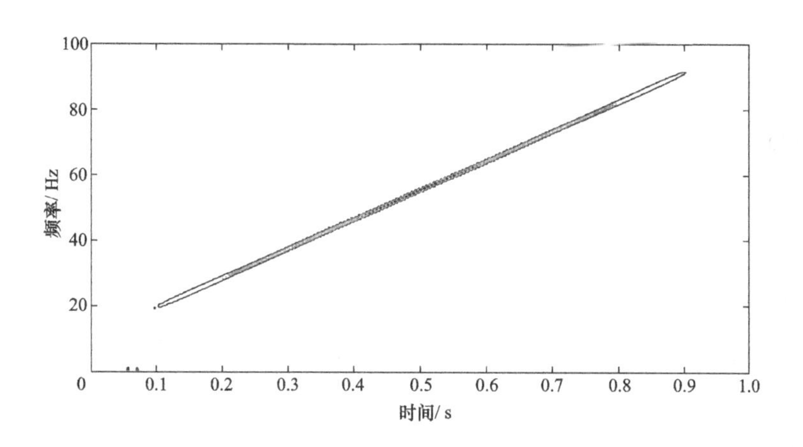

图 2-28　Chirp 信号的 *WVD* 分二维灰度图

然而，*WVD* 也存在一些问题，由 *WVD* 的加法运算性质，则

$$WVD_x[x_1(t)+x_2(t)] = WVD_{x1}(t,\omega)+WVD_{x2}(t,\omega)+2Re[WVD_{x1x2}(t,\omega)] \tag{2-70}$$

可以看出，在对两个信号和进行 *WVD* 分析时，会出现明显的交叉项，导致信号和的 *WVD* 谱与各个信号自身的 *WVD* 谱的和并不相同。另外，*WVD* 并不满足非负性。以上两点严重限制了 *WVD* 在工程中的广泛应用。

2.3.5　图像特征

机械故障诊断中诊断方法的研究是核心问题，机械故障诊断研究比较成熟的方法可归纳为三大类：基于信号处理的方法，如功率谱分析、高阶谱分析、时频分析、统计分析、盲源分离等；基于人工智能的方法，如神经网络、支持向量机、遗传与进化算法、模糊逻辑等；基于模型的方法，如时间序列模型、隐马雅可夫模型、基于物理原理的模型、由辨识得到的模型、模态模型等。

随着信息理论与机器视觉理论的发展，也出现许多新的故障特征识别的方法，如基于图像处理的故障诊断。图像信息是一类重要的故障信息形式，图像识别技术近年来已经成为人工智能研究的热点技术之一，在许多领域都有着广泛的应用，创造出了巨大的经济价值和实用价值。

基于图像识别理论的机械故障诊断主要分为两类，一种是基于电荷耦合器件图像传感器（CCD）直接获取图像在故障诊断的应用研究，用CCD直接采集零部件表面磨损、裂纹等故障信息的数字图像，经过图像处理、特征提取、模板匹配等完成故障诊断；另一种是振动谱图像在机械故障诊断中研究，机械故障常以振动的形式表现出来，因此根据振动信号进行监测与诊断仍是目前设备维护管理的主要手段，且振动信号中包含丰富的设备运行状态信息，是目前故障诊断的重要研究领域。通过分析这些振动信号可以得到大量反映设备运行状态的参数图形，如幅频特性曲线、相频特性曲线、轴心轨迹图、频谱图以及基于振动信号的SDP图像等。这些图形中包含设备运行过程中的大量状态信息，在实际振动故障诊断中，领域专家就是通过观察和分析这些图形特征做出诊断。下面主要介绍应用最广泛的振动信号谱图中的轴心轨迹图及基于振动信号的SDP图像故障特征识别方法。

1. 轴心轨迹图像特征

目前，在各种大型回转机械中转子是其主要部件。转子在轴承中高速旋转时不只围绕自身中心旋转，还环绕某一中心做涡动运动。产生涡动运动的原因可能是转子不平衡、对中不良、转子和定子碰摩等。而由于转子不平衡引起的回转中心涡动运动的轨迹则称为轴心轨迹。监测轴心轨迹并提取其特征则是旋转机械故障诊断的重要方法。

轴心轨迹的获取一般采用两个互成90°安置的非接触式涡流传感器，在各自的方向上测量转轴组件相对机座的振动。如果设相互垂直安装的两个检测轴振动位移传感器信号为 $x(t)$ 和 $y(t)$，在复平面对其进行组合后，形成复信号，得到的即是转子的轴心轨迹，即

$$z(t)=x(t)+\mathrm{j}y(t) \tag{2-71}$$

轴心轨迹图是从轴颈同一截面的两个相互垂直的方向上监测得到的一组振动信号，根据检测到的轴心轨迹图形状，可以分析造成振动的具体原因，得出故障的前期征兆，对防止故障的恶化和排除故障具有指导作用。因此，利用轴心轨迹图来诊断回转机械的某些故障是可行的。

轴心轨迹往往包括系统各种各样的故障信息。例如轻微不对中，轴心轨迹则呈椭圆形；在不对中方向上加一个中等负载，轴心轨迹变为香蕉形；严重不对中故障会使转子的轴心轨迹图呈现外“8”字形，这种具有“8”字形的轴心轨迹，一般表现为二倍频或四倍频的成分较大。转子不平衡的识别特征是其振动信号的波形接近正弦波，其振动信号的频谱图中，能量集中于基频，其振幅最大，而其他谐波的振幅较小。

可通过互相垂直的两个传感器采集振动信号，获取振动信号并生成轴心轨迹图，分别模

拟转子不平衡、油膜涡动、动静碰摩、不对中等 4 中常见故障的轴心轨迹图，见图 2-29。

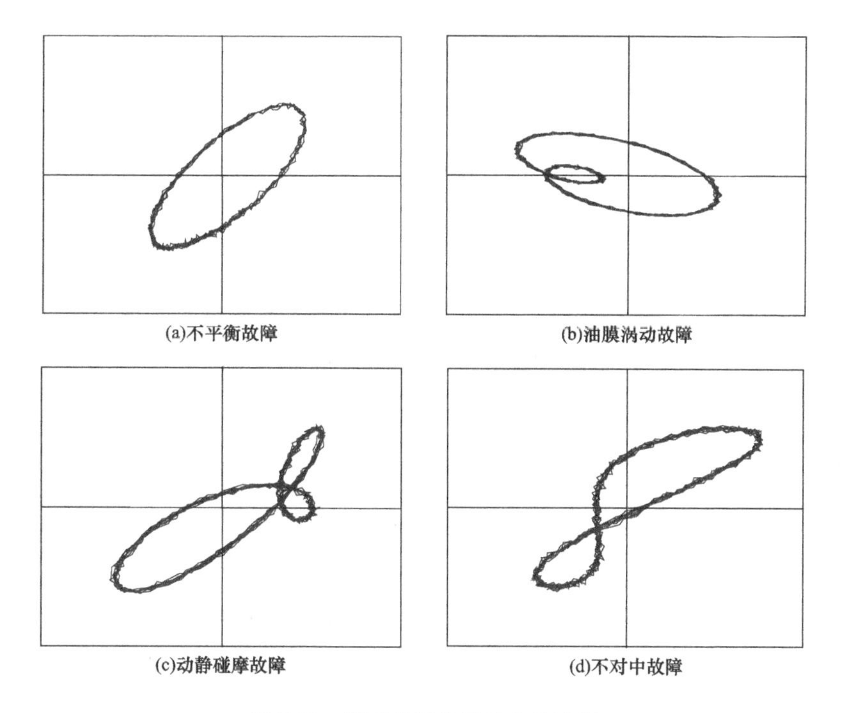

图 2-29　振动故障信号轴心轨迹图

通过对不同振动轴心轨迹图像的特征识别即可完成对转子故障类型的判断。如图 2-29（a）所示轴心运动轨迹呈椭圆形，说明转子发生轻微的不对中；图 2-29（b）所示轴心运动轨迹呈内“8”字形，说明转子发生了油膜涡动故障；图 2-29（c）所示轴心运动轨迹呈花瓣形，说明转子发生了多点局部动静碰摩故障；图 2-29（d）所示轴心运动轨迹呈外“8”字形，说明转子不对中故障十分严重。在大型回转机械的监测和故障诊断中，由于轴心轨迹图含有丰富的故障信息，可以通过轴心轨迹图的分析得出故障的前期征兆，分析故障的具体原因，进而采取合理的维修措施，防止设备事故的发生发展。这种方法较全面地反映了回转机械的运行状态，可作为现场人员判别设备运行状态的常备监测工具。

2. SDP 图像特征

常用的信号分析方法主要在时域、频域或时频域上进行，而对称点模式（symmetry dot pattern，SDP）分析法将信号的时域波形通过相应的计算公式，转变为极坐标内的 SDP 图形，不仅可以充分描绘信号的特征，而且计算量更小、结果更直观。SDP 方法能够将时域信号转换到极坐标中，变为 SDP 图形，进而在图形中直观地体现出不同的故障状态信息特征。对于时域振动信号：$X=\{x_1, x_2, \cdots, x_i, \cdots, x_n\}$，通过 SDP 方法将其转化为极坐标空间中的点 $S[r(i), \theta(i), \varphi(i)]$，见图 2-30。

$r(i)$ 为极坐标的半径，$\theta(i)$ 为其在极坐标中逆时针沿镜像对称平面偏转的角度，$\varphi(i)$

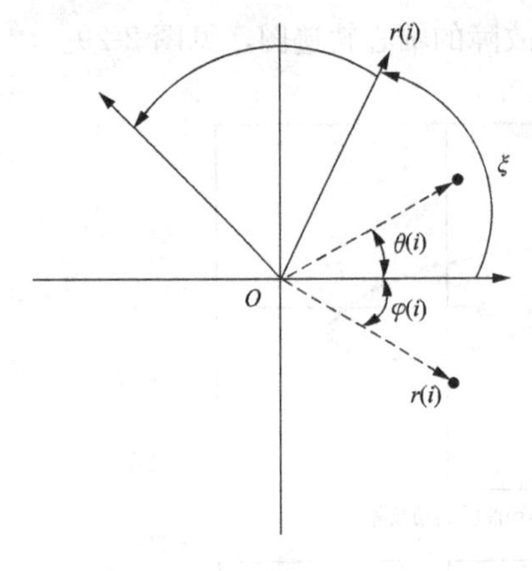

图 2-30　SDP 算法基本原理图

为极坐标中顺时针沿镜像对称平面的偏转角度。三者的计算公式为式（2-72）～式（2-74）。

$$r(i)=\frac{x_i-x_{\min}}{x_{\max}-x_{\min}} \tag{2-72}$$

$$\theta(i)=\theta+\frac{x_{i+l}-x_{\min}}{x_{\max}-x_{\min}}\xi \tag{2-73}$$

$$\varphi(i)=\theta-\frac{x_{i+l}-x_{\min}}{x_{\max}-x_{\min}}\xi \tag{2-74}$$

式中：$x_{\max}$为信号 X 的最大幅值；$x_{\min}$为信号 X 的最小幅值；l 为时间间隔参数；θ 为镜像对称平面旋转角度；ξ 为放大因子（$\xi\leqslant\theta$）。

SDP 分析方法将信号的时域波形转化为极坐标下的图像，通过图像方式展示振动信号信息。相对于其他图像分析方法，SDP 可以更加清晰地展示不同振动形式的差异，同时对于噪声信号具有较好的处理效果。

在 SDP 分析法中，参数 θ、ξ 和 l 的选取至关重要。通常取 $\theta=60°$，此时镜像对称平面组成了雪花状的六角形。由式（2-72）～式（2-74）可知，确定时域信号投影在极坐标中点的位置是该算法的重点，而在极坐标中，点的位置是由时域信号里 2 个时间间隔为 l 的信号点的幅值决定的。由式（2-72）～式（2-74）可见，x_i 与 x_{i+1}的差异越大，则用 SDP 分析法表示的极坐标中的对应点会有较大的偏转角度；反之亦然。另外，不同信号间细微区别主要依靠选取不同的 ξ 和 l 值，因此，合理选取 ξ 和 l，可以提高图形的区分度，放大不同时域信号之间的差别。ξ 和 l 需要根据分析对象的不同选取不同的值。以周期正弦信号为例，采样频率为 10kHz，采样点为 1000，60°为一个镜像面，如图 2-31 所示。

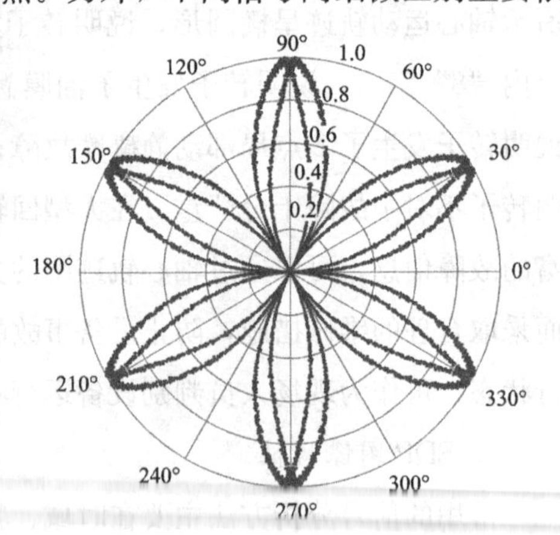

图 2-31　SDP 图像示例

通过 4 种仿真信号 x_A、x_B、x_C、x_D 模拟不同的振动状态，分别包含周期信号、周期叠加信号、冲击信号等，同时对各个信号加入了信噪比为 30 的噪声 $s(t)$。设置式（2-75）～式（2-78）所示仿真信号。

$$x_A=0.6\sin(2\times\pi\times50\times t) \tag{2-75}$$

$$x_B=0.2\sin(2\times\pi\times25\times t)+0.6\sin(2\times\pi\times50\times t) \tag{2-76}$$

$$x_C=0.7\sin(2\times\pi\times50\times t)+0.2\sin(2\times\pi\times100\times t)+0.2\sin(2\times\pi\times150\times t)+s(t) \tag{2-77}$$

$$x_D=0.7\sin(2\times\pi\times50\times t)+0.3\sin(2\times\pi\times100\times t)+0.2\sin(2\times\pi\times150\times t) \tag{2-78}$$

$$s(t)=\sum_{m=1}^{M}B_m\exp[-\beta(t-mT_p)]\times\cos[2\pi f_r\times(t-mT_p)]u(t-mT_p) \tag{2-79}$$

表 2-2　　冲击成分的各参数值

M	B_m	β	f_r	T_p
5	1.5	420	250	1/50s

分别对 4 种仿真信号进行 SDP 处理，其中参数 $l=10$，$\theta=60°$，$\xi=30°$，得到 SDP 图形。参数 $\theta=60°$表示在 0°、60°、120°、180°、240°、300°六个位置形成镜像对称面。由于各个位置对称面形状相同，所以只需要提取 1 个位置中 1 个对称面即可展示不同信号特征，如图 2-32 所示。

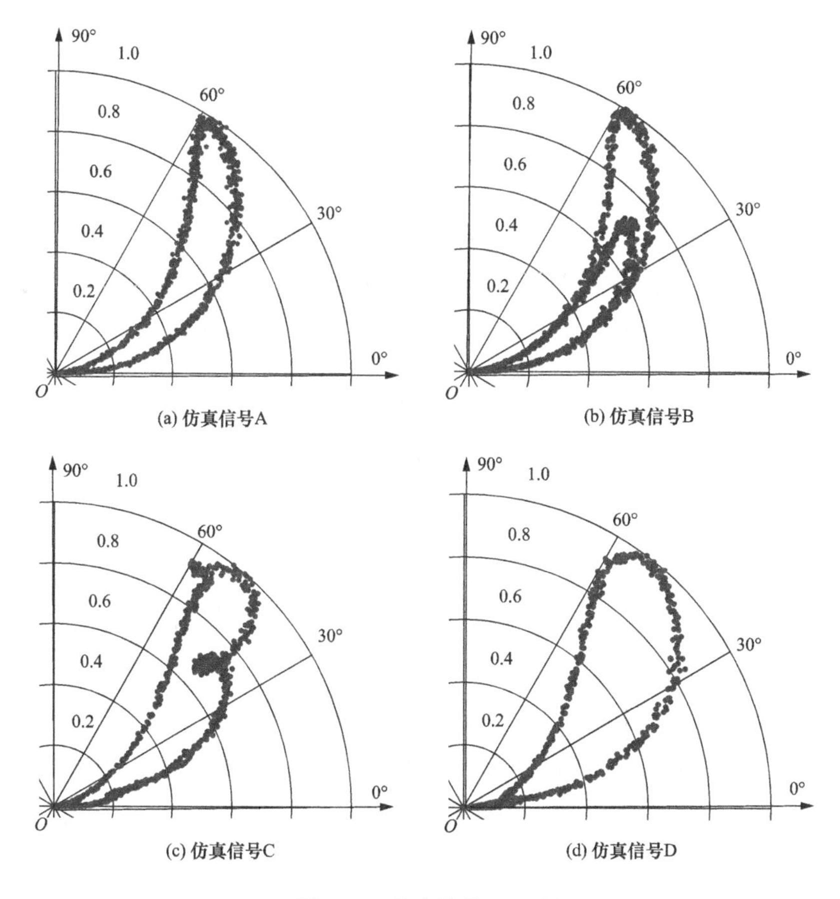

图 2-32　仿真信号 SDP 图

从图 2-32 中可以看出，不同形式信号在 SDP 图像上具有不同的形状，通过 SDP 图可以较为明显地展现出不同振动状态的差异，进而对其进行区分。

对于动静碰摩（rubbing）、不平衡（imbalance）、不对中（misalignment）、油膜涡动（whirl）四种故障振动数据，可以得到相应的 SDP 图，见图 2-33。

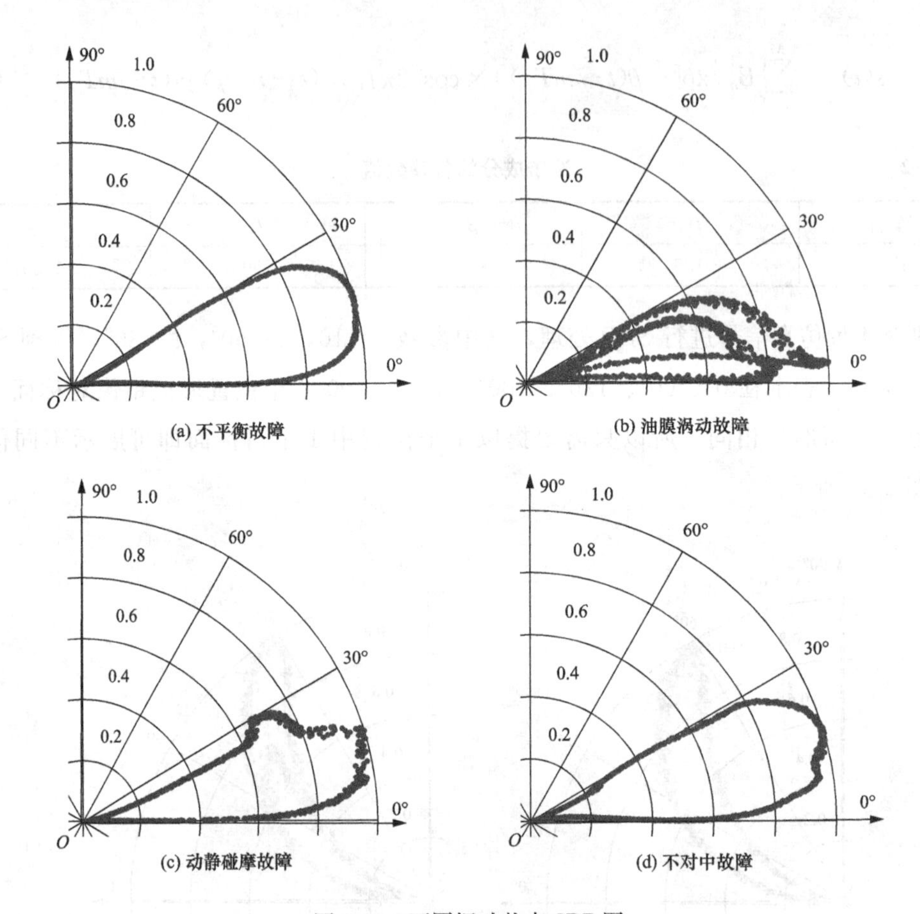

图 2-33　不同振动状态 SDP 图

从图 2-33 中可以看出，通过 SDP 图展现出来的不同振动状态特征进行区分和识别即可完成对不同故障的诊断。

2.4　基于机器学习的状态识别方法

基于机理研究、特征提取研究，有效地辅助了相关人员对设备运转状态的监测与故障诊断。但受到知识水平限制，人工方式很难从大量的数据信息中准确定位故障特征，使得故障定位具有一定主观性。另外，该方式的传承性、智能化、系统化水平受到了一定限制。那么，人工智能（artificial intelligent，AI）的出现，则为此类问题提供了新途径。AI 即是通过计算机的机器学习，去解决一些特定问题。机器学习的过程就是通过给定计算机大量的数据（样本、实例）和一定的学习规则（算法），从而使计算机能够从数据中获取知识和能力。

对于状态识别领域来说，机器需要从大量样本数据中学习到“状态特征”与“状态标签（类别）”之间的逻辑关系。因此，基于机器学习的状态识别方法通常包括“特征提取（信号处理方法等）”和“特征-类别学习”两个过程，如图 2-34 所示。

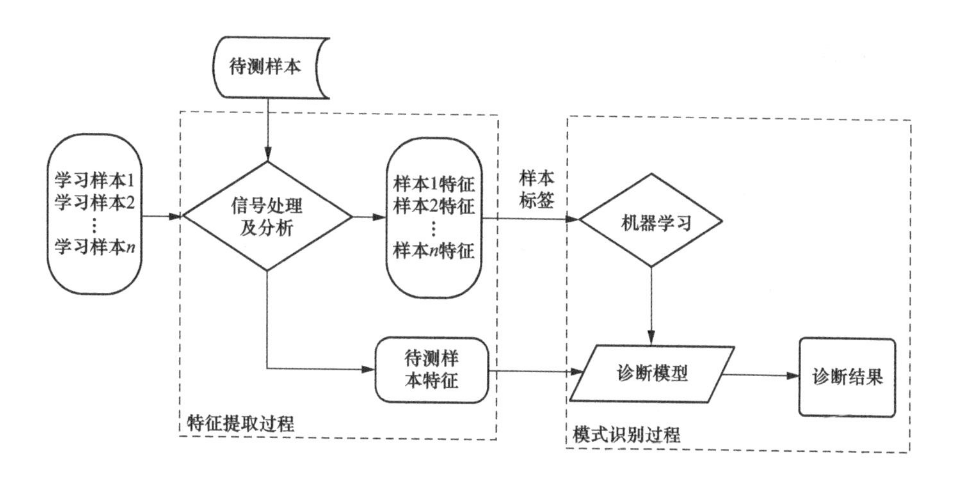

图 2-34　基于机器学习的状态识别方法

目前，已有许多用于状态识别的机器学习方法，这些方法也日趋成熟，如神经网络、支持向量机、专家系统等。受篇幅限制，重点以支持向量机方法为例，建立状态识别模型。

2.4.1　支持向量机

20 世纪 90 年代，贝尔实验室的 Vapnik 教授提出了支持向量机（support vector machine，SVM）理论。该理论具有训练样本小、泛化能力强以及易得到全局最优解等优点，在故障诊断领域得到广泛应用。同样，对于学习样本集 $\boldsymbol{T}$，假设存在判别函数，即

$$y=f(x)=\operatorname{sgn}[(\omega \cdot x)+b] \tag{2-80}$$

线性情况下，存在最优分类超平面 H 将两类正确分开，训练错误率为 0，即分类间隔最大，如图 2-35 所示。$\omega \cdot x+b=0$ 为区分两类样本的“超平面 H”（ω——权重系数；b——偏置项）；H_1、H_2 为平行于分类面的平面，其由各类中离分类线最近的样本所确定，其之间的距离为分类间隔（margin）。支持向量就是指 H_1、H_2 上对应的训练样本点。为了使该分类超平面能够最大限度地区分两类样本，则需要使间隔最大化。

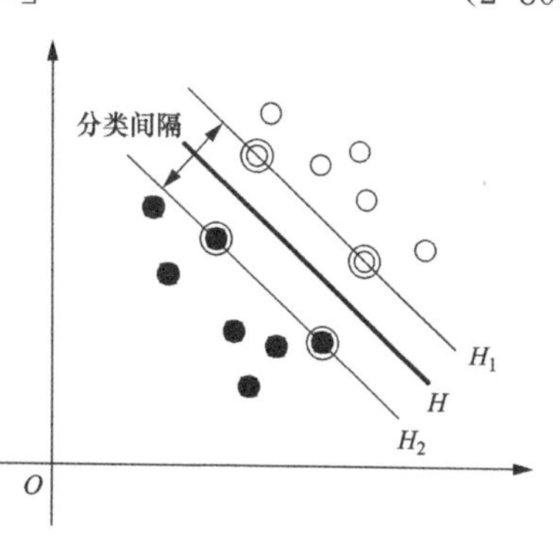

图 2-35　最优分类超平面

根据风险最小化原则，并引入松弛变量 ξ_i，将分类问题可以转化为约束问题，则

$$\min \frac{1}{2}\|\omega\|^2+C\sum_{i=1}^{n}\xi_i \tag{2-81}$$

式中：n 为样本数量；C 为惩罚系数。

引入拉格朗日乘子 α_i、α_j 将原始有约束的优化问题转化为对偶问题，则

$$\min \frac{1}{2}\sum_{i=1}^{n}\sum_{j=1}^{n} y_i y_j \alpha_i \alpha_j (x_i \cdot x_j) + \sum_{i=1}^{n}\alpha_i \tag{2-82}$$

式中：y_i、y_j 分别为样本 i 和样本 j 对应的类别。

现实情况中存在更多的是非线性的情况。因此，在处理非线性数据集时，需要将训练样本特征通过映射函数 $\Phi(x)$ 映射到高维的线性空间，见图 2-36。

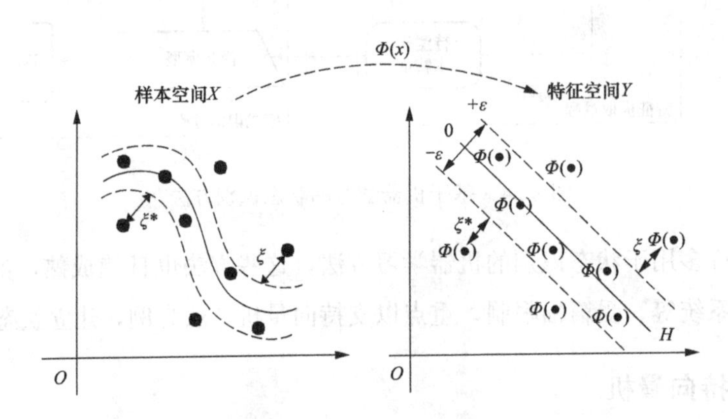

图 2-36　样本空间 X 到特征空间 Y 的非线性映射

将 $\Phi(x)$ 带入优化问题，并设 $K(x_i, x_j) = \Phi(x_i)\Phi(x_j)$，于是，原优化问题就转化成

$$\min \frac{1}{2}\sum_{i=1}^{n}\sum_{j=1}^{n} y_i y_j \alpha_i \alpha_j K(x_i \cdot x_j) + \sum_{i=1}^{n}\alpha_i$$

$$s.t. \sum_{i=1}^{n} y_i \alpha_i = 0 \quad 0 \leqslant \alpha_i \leqslant C \quad i = 1,2,\cdots,n \tag{2-83}$$

通过对式（2-80）的求解可得

$$\omega = \sum_{i=1}^{n} \alpha_i y_i \Phi(x_i) \tag{2-84}$$

$$b = y_i - \sum_{i=1}^{n} y_i \alpha_i K(x_i \cdot x_j) \tag{2-85}$$

而相应地得到非线性问题的判别函数，即

$$\begin{aligned} y = f(x) &= \mathrm{sgn}[\alpha_i y_i \Phi(x) \cdot \Phi(x_i) + b] \\ &= \mathrm{sgn}[\alpha_i y_i K(x_i \cdot x) + b] \end{aligned} \tag{2-86}$$

式中：$K(x_i, x)$ 称为核函数。SVM 中采用满足 Mercer 条件的核函数代替映射函数 $\Phi(x)$，将输入特征映射到点积特征空间，而不必知道具体的映射函数的形式。当特征维数较高时可以有效地减少计算，同时避免了由于维数较高引起的“维数灾难”。通常情况下，选取径向基函数作为核函数，即

$$K(x_i, x_j) = \exp\left(-\frac{\| x_i - x_j \|^2}{2\sigma}\right) \tag{2-87}$$

2.4.2　基于 SVM 的状态识别方法算例分析

SVM 对分类问题的处理能力可以实现对设备运行状态的故障诊断。利用本特利实验台模拟汽轮机转子正常运行状态和油膜涡动故障状态，采用 SVM 建立故障诊断模型，对故障进行识别。

汽轮机转子振动模拟实验共得到样本 50 组，其中正常状态样本数据和油膜涡动故障样本数据各 25 组，每类样本各取 20 组对 SVM 诊断模型进行训练，将训练好的 SVM 诊断模型对剩余 10 组样本（正常 5 组，故障 5 组）进行识别。

首先，对所有样本进行傅里叶变换，提取样本信号的 0.5 倍频、1 倍频、2 倍频、3 倍频和 4 倍频组成每组样本的 5 维特征向量，其中，训练样本的特征向量见表 2-3。

表 2-3　　训练样本的特征向量

训练样本		样本特征 x					样本类别标签 y
		半频 0.4～0.6f	1 倍频 0.9～1.1f	2 倍频 1.9～2.1f	3 倍频 2.9～3.1f	4 倍频 3.9～4.1f	
正常样本	1	0.0057	0.9981	0.0360	0.0380	0.0307	+1
	2	0.0053	0.9983	0.0301	0.0429	0.0266	+1
	3	0.0062	0.9982	0.0263	0.0400	0.0343	+1
	4	0.0046	0.9989	0.0195	0.0346	0.0229	+1
	5	0.0077	0.9986	0.0284	0.0384	0.0223	+1
	6	0.0089	0.9988	0.0236	0.0358	0.0232	+1
	7	0.0054	0.9987	0.0300	0.0345	0.0208	+1
	8	0.0057	0.9987	0.0176	0.0395	0.0272	+1
	9	0.0065	0.9987	0.0181	0.0360	0.0312	+1
	10	0.0094	0.9984	0.0223	0.0383	0.0341	+1
	11	0.0090	0.9985	0.0279	0.0354	0.0286	+1
	12	0.0075	0.9988	0.0263	0.0324	0.0253	+1
	13	0.0069	0.9988	0.0210	0.0359	0.0252	+1
	14	0.0087	0.9986	0.0345	0.0302	0.0268	+1
	15	0.0102	0.9985	0.0265	0.0377	0.0295	+1
	16	0.0077	0.9984	0.0314	0.0384	0.0264	+1
	17	0.0067	0.9969	0.0486	0.0319	0.0530	+1
	18	0.0088	0.9963	0.0566	0.0425	0.0470	+1
	19	0.0100	0.9970	0.0444	0.0490	0.0401	+1
	20	0.0065	0.9969	0.0483	0.0395	0.0471	+1

续表

训练样本		样本特征 x					样本类别标签 y
		半频 0.4～0.6f	1倍频 0.9～1.1f	2倍频 1.9～2.1f	3倍频 2.9～3.1f	4倍频 3.9～4.1f	
油膜涡动	21	0.2047	0.9674	0.1345	0.0625	0.0121	−1
	22	0.3007	0.9408	0.1141	0.1032	0.0278	−1
	23	0.9569	0.2904	0.0000	0.0000	0.0000	−1
	24	0.9713	0.2377	0.0000	0.0000	0.0000	−1
	25	0.2126	0.9603	0.1781	0.0239	0.0165	−1
	26	0.2950	0.9412	0.1325	0.0937	0.0289	−1
	27	0.7044	0.7080	0.0504	0.0000	0.0000	−1
	28	0.7289	0.6839	0.0317	0.0000	0.0000	−1
	29	0.2413	0.9574	0.1551	0.0343	0.0000	−1
	30	0.8941	0.4474	0.0195	0.0103	0.0000	−1
	31	0.8756	0.4821	0.0304	0.0005	0.0000	−1
	32	0.8533	0.5204	0.0311	0.0088	0.0000	−1
	33	0.8707	0.4915	0.0170	0.0077	0.0000	−1
	34	0.5663	0.8238	0.0242	0.0114	0.0000	−1
	35	0.5505	0.8346	0.0178	0.0065	0.0000	−1
	36	0.5216	0.8531	0.0111	0.0033	0.0000	−1
	37	0.4957	0.8684	0.0117	0.0044	0.0000	−1
	38	0.5798	0.8137	0.0417	0.0070	0.0000	−1
	39	0.5448	0.8384	0.0173	0.0043	0.0000	−1
	40	0.5071	0.8612	0.0356	0.0031	0.0000	−1

注 f表示工频，+1代表正常，−1代表故障。

然后，利用训练样本训练SVM诊断模型，其中模型参数为惩罚系数$C=200$，核函数宽度$\sigma=50$。

最后，将待测样本输入训练好的SVM诊断模型进行识别，得到诊断结果，见表2-4。

表2-4　待测样本诊断结果

待测样本		半频 0.4～0.6f	1倍频 0.9～1.1f	2倍频 1.9～2.1f	3倍频 2.9～3.1f	4倍频 3.9～4.1f	诊断结果	正确与否
正常样本	1	0.0076	0.9972	0.0437	0.0335	0.0492	+1	正确
	2	0.0083	0.9978	0.0302	0.0384	0.0435	+1	正确
	3	0.0096	0.9968	0.0441	0.0463	0.0463	+1	正确
	4	0.0069	0.9968	0.0481	0.0406	0.0495	+1	正确
	5	0.0101	0.9969	0.0463	0.0428	0.0453	+1	正确

续表

待测样本		半频 0.4～0.6f	1 倍频 0.9～1.1f	2 倍频 1.9～2.1f	3 倍频 2.9～3.1f	4 倍频 3.9～4.1f	诊断结果	正确与否
油膜涡动	6	0.5012	0.8653	0.0100	0.0042	0.0000	−1	正确
	7	0.9421	0.3349	0.0138	0.0019	0.0000	−1	正确
	8	0.9368	0.3499	0.0022	0.0077	0.0000	−1	正确
	9	0.5609	0.8263	0.0448	0.0173	0.0194	−1	正确
	10	0.5525	0.8315	0.0448	0.0202	0.0294	−1	正确

注 f 表示工频，+1 代表正常，−1 代表故障。

从表 2-4 中可以看出，该诊断模型诊断的正确率达到了 100%。这个简单的实例表明，SVM 在故障诊断领域有着较大的发展空间。

第 3 章

基于 KL-HVD 的信号特征提取方法

时频分析[1-2]作为一种现代信号处理方法，能够有效地从非线性、非平稳振动信号中提取故障信息，是故障诊断的关键步骤。如小波分析、EMD、LMD、EEMD、HVD 等较为常见的时频分析方法，另外还包括局域均值分解 LMD、集合经验模态分解 EEMD 等。这些方法在实际应用过程中都存在一定缺陷：小波基[3]的选择具有主观性；LMD 和 EEMD 都存在模态混叠[4,5]、幅值失真等问题；HVD 在原理上克服了 EEMD 和 LMD 分解过程中对相近频率无法分开的缺陷[7,8]，保留了分解的自适应性，但 HVD 同样存在不足，即虚假分量。这些问题都会降低故障诊断的精准度。

HVD 对于倍频段明显的转子振动信号，能更全面反映其时频的变化特征。但只有对虚假分量进行甄别，才能准确分析与提取振动信号特征。针对该问题，本章引入信息论中的 KL 散度概念，提出了基于 KL 散度的 HVD 虚假分量识别方法（KL-HVD）。KL-HVD 将 HVD 分量视作概率分布各不相同的信号，并且认为真实分量与原信号的概率分布较为相近。该方法在原 HVD 方法基础上，计算 HVD 各分量与原信号的 KL 散度值，对分量的虚假性进行量化。由于真假分量之间具有较大的差异性，本章选用高斯混合模型对这些分量进行聚类，自动区分出虚假分量并予以去除。此外，本章分别利用互信息及相关系数方法对虚假分量问题进行研究，并将三种方法应用于转子振动问题分析，结果显示三者中 KL-HVD 方法能够更有效地识别虚假分量，更清晰地提取出故障的时频特征。

3.1 虚假分量问题

本节首先基于 HVD 方法对转子不对中和动静碰摩信号进行实验研究。转子不对中和动静碰摩信号都存在高倍频，在频谱图上较为相似。同时，高倍频分量在分解过程中常常“湮没”于能量较大的工频分量中，不易被分离开。分别选取 Bentley 转子振动实验台不对中和动静碰摩两种故障数据，其时域图和频谱图见 3-1 和图 3-2。

对于两种故障，利用 HVD 方法提取各个模态分量特征，结果如图 3-3 所示。

从图 3-3 可以看出，HVD 明确地分出了各倍频段分量（分解结果的前 4 阶），更能准确地表征故障信号的本质特征，具有更高的分解精度。HVD 方法基于严格的数学证明，通过希尔伯特变换和积分滤波有效地滤除了多分量信号中的高频成分，能够分出频率相近的不同单分量。

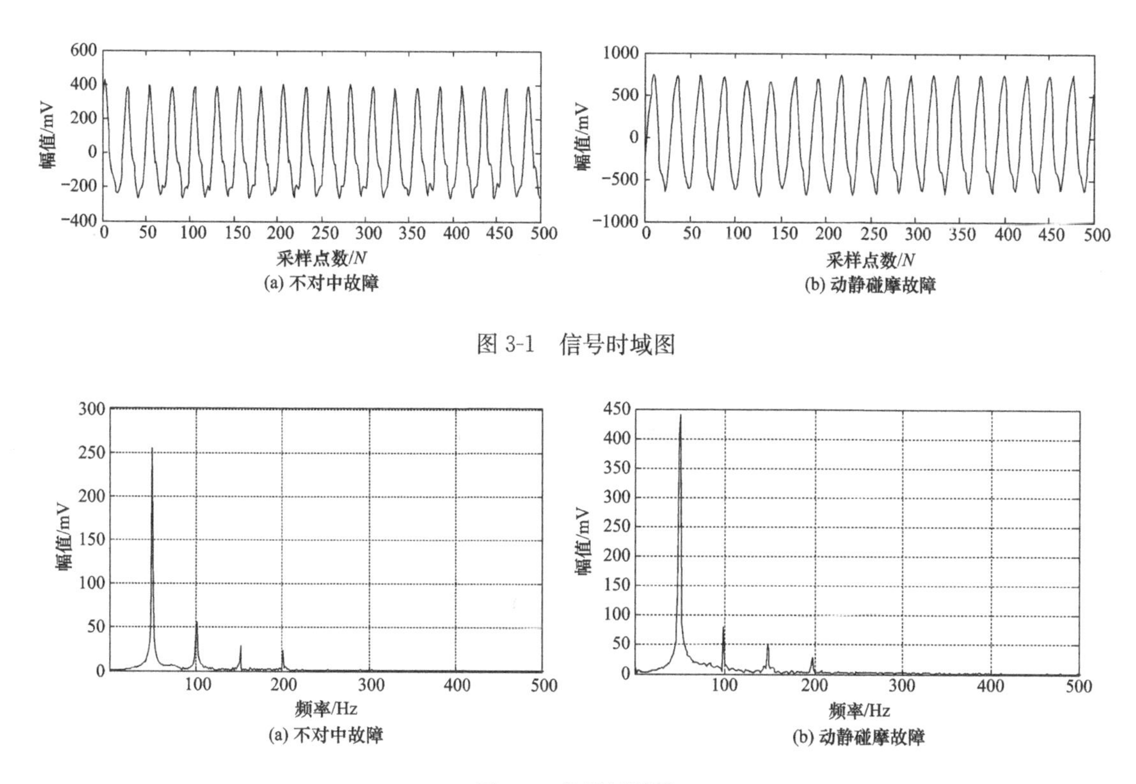

图 3-1 信号时域图

图 3-2 信号频谱图

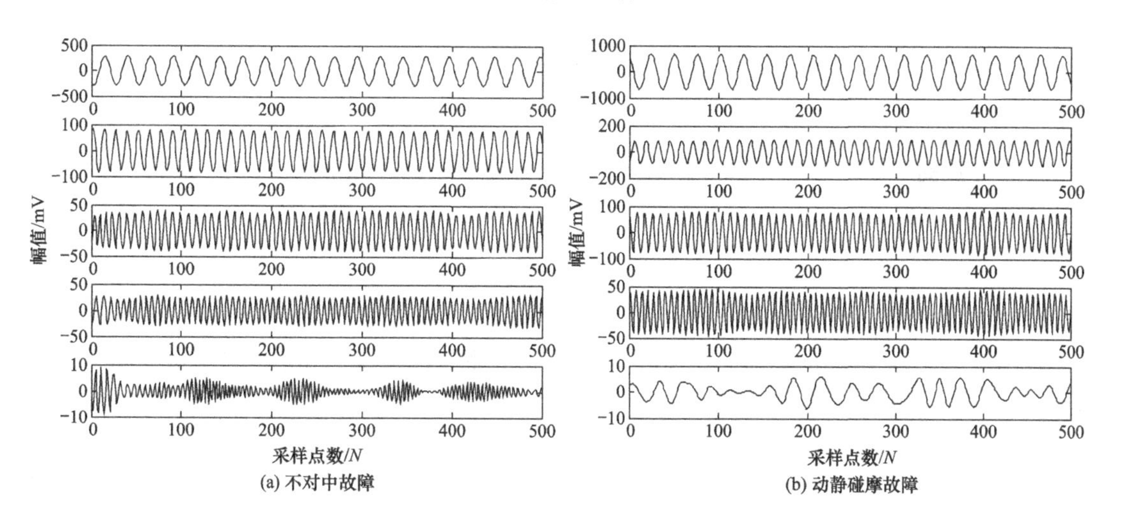

图 3-3 HVD 分析结果

然而，从图 3-3 中还可以发现，信号经 HVD 分解后会得到若干个分量，这些分量中有一些是多余、无意义的。与频谱图对照并通过人工分析可以识别前 4 阶分量为真实成分，其余分量是多余的。这些多余的分量即是HVD分解过程中产生的虚假成分，被称为虚假分量。

虚假分量的存在影响了故障特征信息的准确提取，制约了HVD方法的实际应用。虚假分量有时可以通过人为判断，但显然这是一种粗略的估计，需要定量的方法来识别和去除虚假分量。

3.2 基于KL散度的HVD虚假分量识别方法

为了解决虚假分量问题，使HVD具有更高的工程实用价值，本节对HVD方法进行改进，并最终提出了KL-HVD方法。

3.2.1 KL-HVD方法

KL散度又称为互熵，是信息论中衡量两种概率分布差异的方法。KL散度值越大，两种分布的差别越大；反之，则表示差别越小。设 $p(x)$、$q(x)$ 表示两个概率分布，则KL距离定义为

$$\delta(p,q)=\sum_{x\in N}p(x)\lg\frac{p(x)}{q(x)} \tag{3-1}$$

由于KL距离不具有对称性，不满足真正意义上距离的概念，所以不适合作为衡量 $p(x)$、$q(x)$ 差异的定量指标。故选用通过式（3-2）定义的 $p(x)$ 和 $q(x)$ 的KL散度值作为评价指标，即

$$D(p,q)=\delta(p,q)+\delta(q,p) \tag{3-2}$$

对于两个信号 $X=\{x_1,x_2,\cdots,x_n\}$ 和 $Y=\{y_1,y_2,\cdots,y_n\}$，KL散度值的具体计算方法如下。

（1）计算两信号的概率分布。选用非参数估计法求解概率分布，定义函数 $p(x)$ 为信号 X 概率分布的核密度估计，即

$$p(x)=\frac{1}{nh}\sum_{i=1}^{n}K\left[\frac{x_i-x}{h}\right],x\in R \tag{3-3}$$

式中：平滑参数 h 是给定的正数。K（·）是核函数，最常用的核函数是高斯核函数，即

$$K(u)=\frac{1}{\sqrt{2\pi}}\mathrm{e}^{-\frac{u^2}{2}} \tag{3-4}$$

同理，可以计算出 Y 的概率分布 $q(x)$。

（2）将 $p(x)$、$q(x)$ 代入式（3-1）求解 X 和 Y 的KL距离 $\delta(p,q)$ 和 $\delta(q,p)$。

（3）将 $\delta(p,q)$ 和 $\delta(q,p)$ 代入式（3-2）即可计算出KL散度的值 $D(p,q)$。

真实分量与原始信号的概率分布应该较为相近，两者的KL散度值较小；而虚假分量和原始信号间的KL散度值应该相对较大。因此，可以通过设定阈值的方法识别虚假分量。

对于信号$S=\{s_1,s_2,\cdots,s_n\}$，KL-HVD具体分解步骤如下：

首先，利用HVD方法对原始信号S进行分解，得到信号的m个模态分量c_1、c_2、…、c_m；

然后，计算每个分量c_i和原始信号S之间的KL散度值，并进行归一化处理后得到D_i；

最后，设定阈值r，若$D_i>r$，则对应模态分量c_i为虚假分量，予以去除；反之，$D_i<r$，则对应分量c_i为真实成分，最终实现真实与虚假分量的自动识别，清除虚假分量。

3.2.2 KL散度方法与其他方法的对比研究

除KL散度外，相关系数、互信息等也可以作为两个信号关联程度的评价参数。选定一个有效的评价参数，需要考量其是否能够最大程度上将真实分量与虚假分量区分开。

本节分别采用互信息和相关系数法识别虚假分量，即利用相关系数、互信息代替KL散度作为评价参数，并将三者进行实验对比研究。以3.2节中不对中和碰摩信号为例，分别利用KL散度、相关系数及互信息计算各个分量与原信号间的关联程度，结果见表3-1和表3-2。

表3-1　三种虚假分量识别方法结果（不对中）

评价参数	分量1	分量2	分量3	分量4	分量5
KL	0.0011	0.0219	0.1060	0.1571	0.7139
相关系数	0.6468	0.1865	0.0954	0.0513	0.0200
互信息	0.2846	0.2336	0.1961	0.1810	0.1047

表3-2　三种虚假分量识别方法结果（动静碰摩）

评价参数	分量1	分量2	分量3	分量4	分量5
KL	0.0002	0.0362	0.0448	0.1184	0.8004
相关系数	0.7705	0.0796	0.0852	0.0413	0.0234
互信息	0.2379	0.2136	0.1989	0.1857	0.1639

从表3-1和表3-2可以看出，真实分量的KL散度值远远小于虚假分量的值。而另外两种评价参数虽然也区分了真实分量和虚假分量，但后两者对于虚假分量的辨别能力明显弱于KL散度方法。这就表明，KL散度方法相对于其他方法更能够体现真实成分与虚假分量的差别，基于KL的虚假分量识别方法具有更好的普适性。

为了区分真实和虚假分量，根据相关学者研究通过设定最大指标值（互信息或相关系数）的1/10作为阈值，也有研究直接设定KL散度值的阈值为0.01。这种固定阈值的分类方法起到了一定的效果。然而，实际应用中不同信号各个分量的能量分布存在较大变化，固定阈值很有可能出现误诊的现象，同时固定阈值分类方法缺乏理论依据。故本节提出利用聚类的思想对真实和虚假分量进行自动分类，实现“阈值”的效果。

3.2.3 高斯混合模型聚类方法

由中心极限定理可知，高斯混合模型（gaussian mixture model，GMM）可以通过组合足够多的高斯分布函数近似任意概率分布[22]。同时，高斯模型均值和协方差形式已知，GMM 模型在迭代计算过程中优势显著。因此，选用高斯混合模型实现 HVD 方法中真实分量和虚假分量的聚类识别。

混合高斯模型的定义为

$$p(x)=\sum_{k=1}^{K}\alpha_k N(\boldsymbol{x}|\boldsymbol{\mu}_k,\Sigma_k) \tag{3-5}$$

式中：K 为模型个数；α_k 为第 k 个高斯分布的权重系数；$N(\boldsymbol{x}|\boldsymbol{\mu}_k,\Sigma_k)$为第 k 个高斯分布的概率密度函数；μ_k，Σ_k 为对应的均值和方差。由于 α_k，$\boldsymbol{\mu}_k$，Σ_k 未知，目前较为流形的方法是通过期望最大化算法（expectation maximization，EM）对它们进行迭代计算，使样本点在估计的概率密度函数上的概率和最大。

由于概率值一般都很小，对概率取对数，即

$$\max\sum_{n=1}^{N}\lg\sum_{k=1}^{K}\alpha_k N(\boldsymbol{x}_n|\boldsymbol{\mu}_k,\Sigma_k) \tag{3-6}$$

对式（3-6）采用 EM 算法，E 步骤是利用模型参数值计算 K 个高斯模型的权重。模型参数通过初始化或者基于上一步的迭代结果获得。E 步骤的计算过程见公式（3-7）。

样本 x_n 由第 k 个模型生成的概率，即第 k 个模型的权重为

$$\omega_n(k)=\frac{\alpha_k N(\boldsymbol{x}_n|\boldsymbol{\mu}_k,\Sigma_k)}{\sum_{i=1}^{K}\alpha_k N(\boldsymbol{x}_n|\boldsymbol{\mu}_k,\Sigma_k)} \tag{3-7}$$

M 步骤是基于估计的权值 $\omega_n(k)$，对模型参数进行迭代。M 步骤的计算过程见式（3-8）～式（3-10）。

$$\mu_k=\frac{1}{N}\sum_{n=1}^{N}\boldsymbol{x}_n\omega_n(k) \tag{3-8}$$

$$N_k=\sum_{n=1}^{N}\omega_n(k),\quad \alpha_k=\frac{N_k}{N} \tag{3-9}$$

$$\sum\nolimits_k=\frac{1}{N_k}\sum_{n=1}^{N}\omega_n(k)(\boldsymbol{x}_n-\boldsymbol{\mu}_k)(\boldsymbol{x}_n-\boldsymbol{\mu}_k)^{\mathrm{T}} \tag{3-10}$$

当算法收敛时即完成了对混合模型的估计。混合模型中各项的结果分别代表样本 $\boldsymbol{x}$ 属于各个类的概率，概率最大的模型概率即为 $\boldsymbol{x}$ 的所属类别。

对高斯混合模型进行聚类时，一个明显的优势是可以通过计算模型的赤池信息准则（akaike information criterion，AIC）量化该模型拟合数据的能力。对原始数据分布拟合得越好，GMM 模型的聚类效果也越优异。

AIC 准则数的定义式为

$$\mathrm{AIC} = 2k - 2\ln(L) \tag{3-11}$$

式中：k 为模型中独立参数的个数；L 为模型的极大似然函数。

3.2.4　基于 GMM 的 KL-HVD 方法阈值研究

针对 HVD 分解过程中存在的虚假分量问题，提出一种基于高斯混合模型的 KL-HVD 虚假分量识别方法。该方法首先对故障信号进行 HVD 分解，得到一系列的分量；分别求出每一个分量与原始信号间的 KL 散度值 F_i 作为该分量的“指标”；构建高斯混合模型对所有的 F_i 进行拟合，并通过 AIC 准则数确定最佳模型形式；最后使用完成训练的 GMM 模型对 HVD 分量进行聚类，实现虚假分量自动识别。

聚类法对这些特征向量进行聚类，真实分量与虚假分量自动聚为两类；将原信号中的虚假分量予以消除。HVD 虚假分量识别流程图如图 3-4 所示。

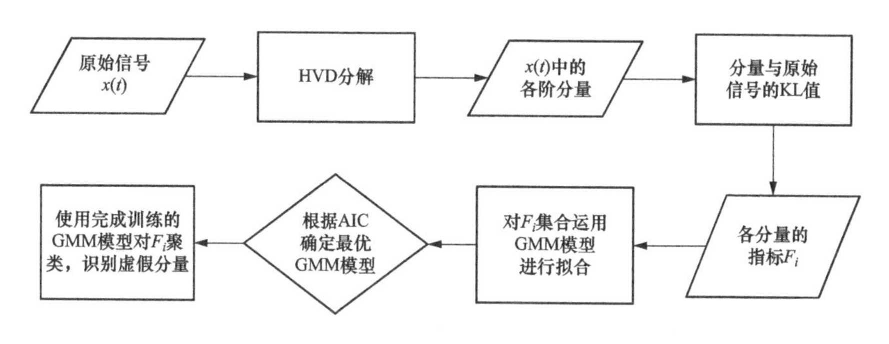

图 3-4　HVD 虚假分量识别流程图

3.3　基于 KL-HVD 的实验研究

为了验证高斯混合模型作为阈值甄别真假分量的有效性，选取若干组不同类别的故障信号的 HVD 分解结果进行聚类。除不对中与动静碰摩故障信号外，增加了油膜涡动和不平衡故障信号。转子油膜涡动和不平衡故障信号的时域图和频谱图见图 3-5、图 3-6。

从表 3-3 可以看出，若选取设定最小 KL 散度值的 10 倍作为阈值，则油膜涡动中的“分量 2”将错误识别为虚假信号；若设定 KL 散度值的阈值为 0.01，则不平衡的“分量 2”将错误识别为真实信号，造成虚假分量的错误识别。因此，通过固定阈值的方式识别虚假分量可能会造成误判。

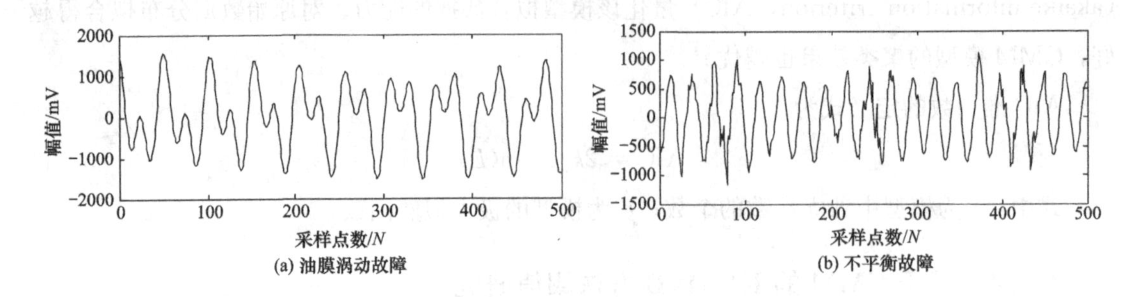

(a) 油膜涡动故障　　(b) 不平衡故障

图 3-5　信号时域图

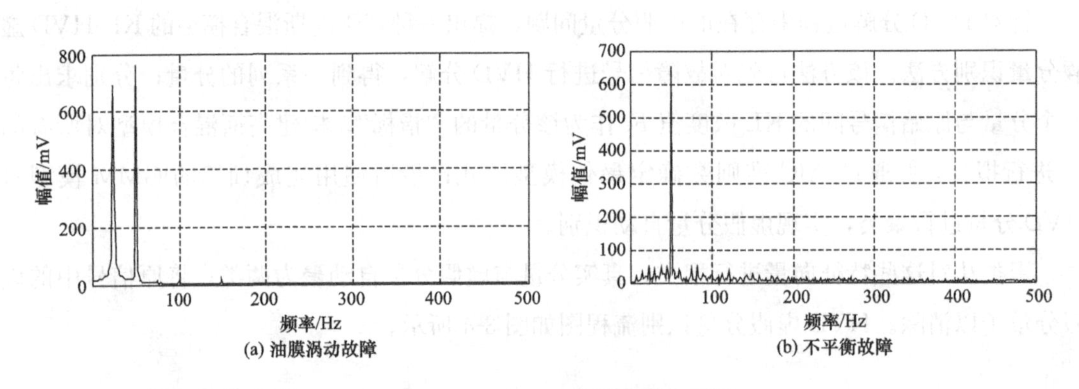

(a) 油膜涡动故障　　(b) 不平衡故障

图 3-6　信号频谱图

表 3-3　两种故障 KL 散度识别方法结果

评价参数	分量 1	分量 2	分量 3	分量 4	分量 5
油膜涡动	0.0013	0.0153	0.0904	0.3090	0.5840
不平衡	0.0001	0.0097	0.0973	0.1670	0.7259

根据三种指标建立 GMM 模型，模型的聚类结果见表 3-4～表 3-6。

表 3-4　基于 KL 散的 HVD 分量的聚类结果

评价参数	分量 1	分量 2	分量 3	分量 4	分量 5
不对中	1	1	1	1	0
动静碰摩	1	1	1	1	0
油膜涡动	1	1	0	0	0
不平衡	1	0	0	0	0

表 3-5　基于相关系数的 HVD 分量的聚类结果

评价参数	分量 1	分量 2	分量 3	分量 4	分量 5
不对中	1	0	0	0	0
动静碰摩	1	0	0	0	0

续表

评价参数	分量 1	分量 2	分量 3	分量 4	分量 5
油膜涡动	1	1	1	0	0
不平衡	1	0	0	0	0

表 3-6　　基于互信息的 HVD 分量的聚类结果

评价参数	分量 1	分量 2	分量 3	分量 4	分量 5
不对中	1	1	1	1	1
动静碰摩	1	1	1	1	1
油膜涡动	1	1	1	1	1
不平衡	1	1	1	1	1

结合表 3-6 中的分类结果，只有 KL 散度指标值的聚类结果是正确的，基于 KL 散度值的 GMM 模型聚类可以准确地清除虚假分量。实验结果验证了 KL-HVD 方法的有效性。为了进一步验证 GMM 模型聚类效果，分别计算了三种模型的 AIC 值，见表 3-7。

表 3-7　　三种 GMM 模型的 AIC 值

评价参数	最优模型个数	AIC 值
KL 散度	2	1.86
相关系数	2	−5.59
互信息	1	−12.48

AIC 准则数中的最优模型个数表征了该集合最契合的分类数。从表 3-7 中可以看出，互信息指标并不能有效地将 HVD 分量聚为真实和虚假两类（两个高斯模型），而 KL 散度和相关系数方法的计算结果可以聚为两类。基于 AIC 的计算结果与实验结果一致，说明了 GMM 模型聚类的正确性。

图 3-7 给出油膜涡动和不平衡两种故障信号的 KL-HVD 分解结果。

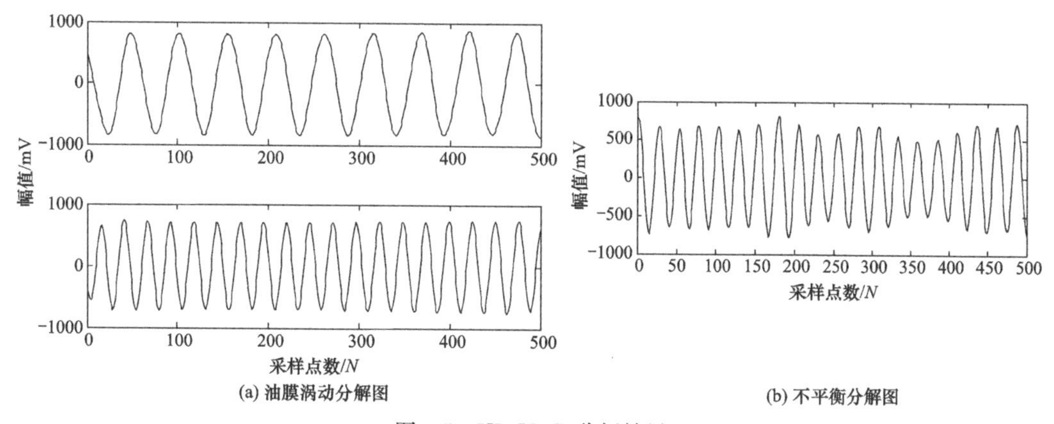

图 3-7　KL-HVD 分析结果

从图 3-6（a）中可以看出，油膜涡动的频谱特征体现在半倍频和工频比较突出；图 3-6（b）表明不平衡故障只有工频成分。从图 3-7 可以看出，基于 KL-HVD 方法对信号进行分解后，可以工整地得到信号的各个频段分量，这些分量与图 4-6 中的频谱相对应，是信号的真实特征信息。这些分量除包含了信号的频率信息，还清楚地得到各个频段的时域信息，即故障信号的时频特征。KL-HVD 方法有效地抑制了虚假分量的出现，更加清晰、准确地提取出振动信号的时频特征。

3.4 小　　结

本章在 HVD 方法的基础上，针对其虚假分量问题，对其进行改进，最终提出了 KL-HVD 方法。通过理论及实验研究，得到以下结论：

（1）HVD 作为一种新型的信号时频分析方法能够将不同频率信号有效地分离开来，尤其适用于倍频特征明显的转子故障信号。

（2）作为评价参数，K-L 散度相对于其他方法（互信息、相关系数）可以更大程度上体现出真实和虚假成分的差别。基于 K-L 散度的评价方法更容易鉴别出虚假分量。

（3）KL-HVD 方法有效地解决了 HVD 虚假分量问题，可以更加准确、清晰地分析与提取信号时频特征，是一种具有更高工程实用价值的时频分析方法。

第 4 章

基于深度学习的状态监测方法

第2章详细总结了基于信号处理的特征提取方法，在此基础上研究了基于机器学习（machine learning，ML）的故障诊断方法。ML的基础是提取到有用的状态特征，也就是说需要该领域经验丰富的专家、工程师基于自身多年的先验知识，通过特征提取的手段（如信号处理方法），从原始信号中提取到特征向量。例如时域特征、幅域特征、频域特征、时频特征等，都是对原始信号在特征层面上的表示。特征提取十分类识别模式的故障诊断将特征提取与故障识别作为了两个独立的过程，特征提取很大程度上决定了ML的效果，忽略了机器自身对信息的主动“诉求”；加之传统ML属于浅层学习，学习深度不足，使诊断模型性能的进一步提高受到制约。

大规模训练数据集（imageNet data set）和高性能计算硬件（GPU）的出现，使得深度学习得到了飞速发展。深度学习（deep learning，DL）和传统ML的区别可以从以下几个方面来理解。

（1）从特征工程到特征学习。ML依赖于特征提取，DL是一个主动学习特征的方法。深度学习抽象特征的过程没有物理意义或无法解释。

（2）学习深度不同。DL相对于传统ML，可以学习到更加复杂的映射关系。

（3）复杂任务的分解。DL解决的核心问题之一就是自动地将简单的特征组合成更加复杂的特征，并使用这些组合特征解决问题。DL除了可以学习特征和任务之间的关联以外，还能自动从简单特征中提取更加复杂的特征。

（4）迁移学习。大规模数据集上的预训练得到模型，进而基于特定数据集进行精细训练。

本章将分析深度学习方法，并重点开展基于深度卷积神经网络的图像识别方法研究。进而针对振动状态识别问题，建立基于深度卷积神经网络图像识别的状态识别模型，实现振动数据的深度特征学习和状态识别。

4.1 深度学习与大数据

4.1.1 深度学习

DL是ML领域一个新的研究方向，近年来在语音识别、计算机视觉等多类应用中取得突破性的进展。深度学习神经网络通过模拟具有丰富层次结构的脑神经系统，建立了类似于人脑的分层模型结构，对输入数据进行逐级特征提取，从而形成抽象的高层特征表示。严格上来说，DL 仍是一种基于机器学习的模式识别方法。然而由于在深层学习的过程中 DL 可以自适应地提取输入量的特征，进而通过最后一层网络实现识别。所以从这个角度上来看，DL 可以看作是特征提取与分类机的集成方法。由于 DL 能够学习到海量数据的本质特征，打破了人工智能领域长达数十年未能有实质性突破的尴尬局面，在人工智能领域掀起了一场创新性革命。

近年来，深度学习的发展得益于计算硬件的发展，尤其是 GPU 的发展，另外，大数据集 ImageNet 也为深度学习提供了基础训练平台。主要表现在其应用和基础、平台的发展两个方面。

当前深度学习的几个主流工具包括 Theano、Caffe、TensorFlow、Torch、MxNet、CNTK，每种工具都各具特色，可根据自身需求选择合适的开发工具。本节选择 TensorFlow 开展实验研究。深度学习工具如图 4-1 所示。基于深度学习的振动故障诊断如图 4-2 所示。

图 4-1　深度学习工具

4.1.2　反向传播算法

几乎所有的深度学习算法都用到了一个非常重要的算法：随机梯度下降（stochastic gradient descent，SGD）。

对于一个深度网络，一般包括 1 个输入层（input layer）、m 个隐层（hidden layer）以及一个输出层（output layer）。

1. 前向传播计算流程

从输入层到第 1 个隐层 H_1。对于 H_1 层的第 j 个单元的值 $v_j=f(z_j)=f(\Sigma_i w_{ij} x_i+b_j)$，其中，$z_j$ 是输入层所有节点的加权和；f 为非线性函数；w 为权重；x 为输入层所有节点的值；b 为偏置。

从第 1 个隐层 H_1 到第 2 个隐层 H_2。对于 H_2 层的第 k 个单元的值 $v_k=f(z_k)=f(\Sigma_k w_{jk} x_j+b_k)$。

以此类推，从第 m 个隐层 H_m 到输出层。输出层第 l 个单元的值为 $v_l = f(z_l) = f(\sum_l w_{lm} x_m + b_k)$。

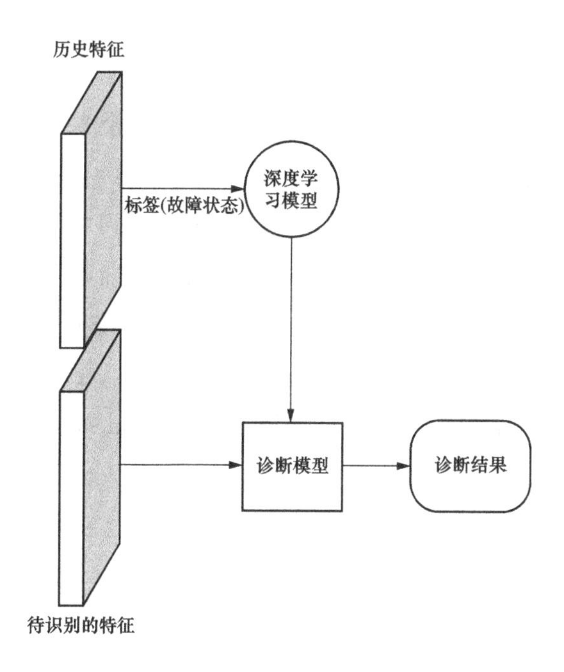

图 4-2　基于深度学习的振动故障诊断

2. 反向传播计算流程

首先，定义输出层第 l 个单元的损失函数（loss function）$L(v_l - t_l)$，其中 t_l 为该单元的期望输出值。那么输出单元的误差梯度即为损失函数对于 z_l 的偏导数。

$$\frac{\partial L}{\partial z_l} = \frac{\partial L}{\partial y_l} \cdot \frac{\partial y_l}{\partial z_l} = (y_l - t_l) f'(z_l) \tag{4-1}$$

以此类推，第 1 个隐层 H_1 和输入层的误差梯度为

$$\frac{\partial L}{\partial y_j} = \sum_k \frac{\partial L}{\partial z_k} \cdot \frac{\partial z_k}{\partial y_j} = \sum_k \frac{\partial L}{\partial y_k} \cdot \frac{\partial y_k}{\partial z_k} \cdot w_{jk} \tag{4-2}$$

$$\frac{\partial L}{\partial x_i} = \sum_j \frac{\partial L}{\partial y_j} \cdot \frac{\partial y_j}{\partial z_j} \cdot \frac{\partial z_j}{\partial x_j} = \sum_j \frac{\partial L}{\partial y_j} \cdot \frac{\partial y_j}{\partial z_j} \cdot w_{ij} \tag{4-3}$$

基于误差梯度，调整各层权值，则

$$\Delta w_{ij} = -\eta \cdot \frac{\partial L}{\partial w_{ij}} = -\eta \cdot \frac{\partial L}{\partial y_j} \cdot \frac{\partial y_j}{\partial z_j} \cdot \frac{\partial z_j}{\partial w_{ij}} = -\eta \cdot \frac{\partial L}{\partial y_j} \cdot \frac{\partial y_j}{\partial z_j} \cdot x_i \tag{4-4}$$

式中：η 为学习率（learning rate）。

4.1.3　卷积神经网络

在深度学习算法中，卷积神经网络（convolution neural network，CNN）是一种用来处

理具有数组形式数据的神经网络，它利用空间相对关系减少参数数目，其实质是学习多个能够提取输入数据特征的特征过滤器，通过这些特征过滤器与输入数据进行逐层卷积及池化操作，进而逐级提取隐藏在数据中的特征。例如振动信号[30]（可以作为在时间序列上有规律的一维数组）、图像数据［可以看作二维像素数据（矩阵）］、视频数据（可以作为随时间变化的二维像素矩阵）。CNN 中“卷积（Convolution）”是对两个实变函数的一种数学运算，而 CNN 区别于其他深度神经网络的特点之一就是其具有卷积层结构。CNN 在深度学习的发展中发挥了重要作用，它是将对脑神经系统研究应用于机器学习中的重要实例。

CNN 是一种对二维图像（像素矩阵）进行分析的深度学习模型架构，其优势在于，在卷积层中，对像素通过卷积操作聚合统计，提取图像的局部特征；池化层将特征进行组合并降维，加快特征提取速度。其多层结构包括输入层（input layer）、卷积层（convolution layer）、下采样层（sub-sampling layer）、全连接层（fully connected layer）以及输出层（output layer）等，见图 4-3。

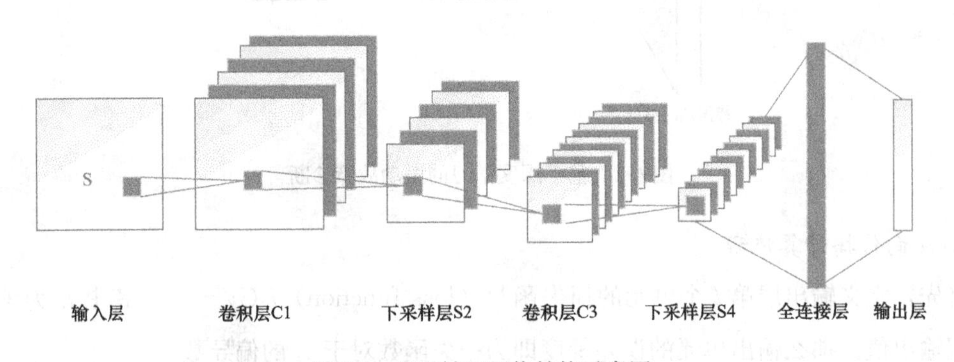

图 4-3　卷积神经网络结构示意图

（1）输入层。在 lenet-5 模型中输入层就是二维图像数据（二维像素矩阵），但是输入层的形式并不是固定的。例如在处理彩色图像时，将图像中的 RGB 图层分别放在三个不同的通道中，而在处理一维信号时输入层则是一维向量。当识别对象的特征较为复杂时，数据的预处理技术会对 CNN 的识别效果产生重要影响，因此有时需要结合数据的输入形式选择合适的预处理方法。

（2）卷积层（C 层，又称为特征提取层）。每个神经元的输入与上一层的局部邻近区域的神经元（局部感知野）相连，提取出该局部区域的数据特征，并且同一个向量网络使用相同的卷积核（权值共享），降低了网络模型的复杂度，大大提高了网络学习的效率。假设第 l 层为卷积层，则该层的输出特征向量表示为

$$x_j^l = f(u_j^l) = f\Big(\sum_{i\in R_i} x_i^{l-1} * k_{ij}^l + b_j^l\Big) \tag{4-5}$$

式中：$f(\cdot)$ 为 C 层激活函数；$u_j{}^l$ 为第 l 层的第 j 个特征向量的加权和；R_i 为输入数

据信号的集合；x_i^{l-1} 为第 $l-1$ 层第 i 个特征向量激活值；“ * ”是卷积符号；K_{ij}^l 为 l 层第 j 个特征向量与第（$l-1$）层第 i 个特征向量的卷积核；b_j^l 为第 l 层的第 j 个特征向量的偏置值。

输出为

$$x_j^l = f(u_j^l) \tag{4-6}$$

式中：f（•）表示激活函数，一般选取 Relu、Tanh、Sigmoid 等函数。

以输入一张二维图像矩阵 I 为例，长为 m，宽为 n，忽略卷积操作中偏执项，对于一个二维图像矩阵的卷积操作其卷积核 K 也是二维的，其输出 S 为

$$S(i,j) = (I^* K)(i,j) = \sum_m \sum_n I(m,n)K(i-m,j-n) \tag{4-7}$$

图 4-4 展示了二维卷积计算过程，离散卷积可以被作为特殊的矩阵乘法，但是这个运算中矩阵的一些元素被设置为以一定规律变化。在进行图 4-4 卷积运算时，卷积核以步长为 1 在输入矩阵上移动，由于通常卷积核的大小是远小于输入矩阵的，卷积核映射在输入矩阵上的范围就是局部感知野。以处理一张图片为例，一张图片 100×100 大小的图片包括上万个像素点，但利用一个 5×5 的卷积核，在每次计算中只考虑这 25 个像素点的局部特征，这样既减少了计算时的数据储存量，也提高了计算的效率。

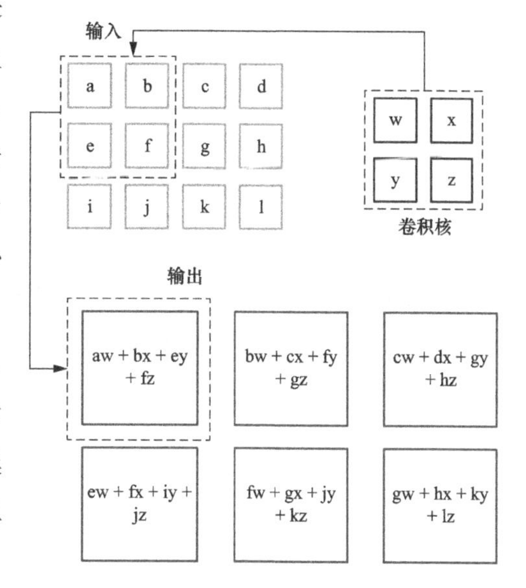

图 4-4　二维卷积计算过程

（3）下采样层［S 层，又称为特征映射层、池化层（pooling layer）］，由于图像本身的像素点较多，需要对不同位置的特征进行下采样操作，使其在达到数据降维的同时，使其特征具有缩放不变性，则

$$x_j^m = g(u_j^m) = g[\beta_j^m \cdot \mathrm{down}(x_j^{m-1}) + b_j^m] \tag{4-8}$$

式中：β_j^m 为链接权重；down（•）为下采样函数；b_j^m 为该层的偏置。池化函数使用某一空间位置的相邻输出的总体特征来代替下一层网络在该位置的输出，通常采用的方法有均值池化（mean-pooling）、最大池化（max-pooling）和随机池化（random-pooling）等。

不论使用什么池化函数，当输入矩阵进行少量平行移动时，池化操作能够保证输入近似不变。在一些识别任务中，由于往往更重视特征是否存在，而不重视特征出现的空间位置，这种输入的局部不变性则保证了模型的学习不变性。最大池化计算过程如图 4-5 所示。

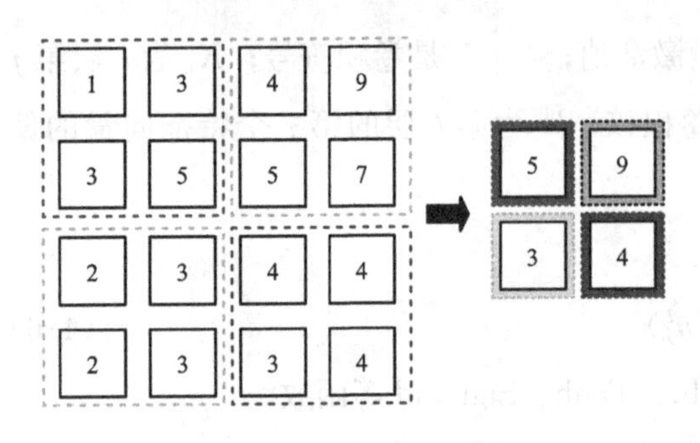

图 4-5　最大池化计算过程

同时，因为池化操作综合了相邻空间数据的信息，只使得通过池化操作减少输入数据规模成为可能，而在很多任务中，池化操作也能使很多不同大小的输入规范为同一大小的输出，这在卷积神经网络的分类层中是十分重要的。

（4）全连接层。将所有经过卷积、下采样过程的数据特征进行汇总，作为全连接层的输入，全连阶层的输出可通过如下计算得到：

$$x^l = f(u^l) \tag{4-9}$$

$$u^l = \omega^l x^{l-1} + b^l \tag{4-10}$$

式中：u^l 是由前一层输出特征图 x^{l-1} 进行加权和偏置后得到的；ω^l 表示全连接层的权重系数；b^l 为全连接层 l 的偏置项。

（5）输出层。对 CNN 模型提取出的特征向量进行分类识别，输出模型的分类结果。需根据问题选择合适的分类方法，常用的分类方法有多项式逻辑回归、Softmax 分类器、支持向量机等。

（6）前向传播。CNN 的训练方法与传统的人工网络的训练方法类似，训练过程有前向传播和学习两方面基本运算模式。前向传播实质输入信号通过前一节中一个或多个网络层之间传递信号，然后在输出层得到输出的过程。例如，从样本数据中取出一个数据样本（x，x_p），将样本数据 x 输入网络中，样本数据从输入层经过逐级变换传送到输出层，最终得到相对应的实际输出 O_p，即

$$O_p = F_n\{\cdots\lceil F_2[F_1(xW_1)W_2]\cdots\rfloor W_n\} \tag{4-11}$$

式中：$F_n(\cdot)$ 表示变换过程。

（7）反向传播。通常，在 CNN 中最重要的是学习到分类目标的特征，而这则是通过反向传播寻求最优的模型卷积核的权值来实现的。反向传播算法是神经网络有监督学习中的一种常用方法，其目标是根据训练样本的输出来估计网络参数，在 CNN 中使用反向传播计算模型梯度，再利用如 SGD、Momentum、RMSprop 等一些梯度下降算法来使模型获得尽可能小的梯度，此时卷积核的权值即为最优的权值。

在使模型梯度尽可能小的过程中，主要的优化参数有卷积层中卷积核参数 k、下采样层中权重系数 β、全连接层中的权重系数 ω 以及各层的偏置值 b 等。反向传播的本质是通过计算实际输出 O_p 与理想输出 Y_p 的差异 E_p，推导出一个网络参数的学习规则，使得网络中的实际输出值更加接近理想输出值。

$$E_P = \frac{1}{2}\sum_j (y_{pj} - o_{pj})^2 \tag{4-12}$$

式中：y_{pj}是Y_p中的元素；o_{pj}是O_p中的元素。

在卷积、池化等基本操作的基础上，可以构建出各具特点的网络结构。常见的网络结构包括：

1）LeNet。LeNet是Yann Le Cun于1998年提出并设计的，其用途是用来识别手写数字。LeNet网络是CNN中最典型、最具代表性的网络之一。20世纪90年代，在此基础上建立的LeNet-5手写数字识别系统被广泛应用到了银行系统手写数字的识别。LeNet-5模型是一种简单的CNN网络，包含基本的CNN网络组建，即卷积层、池化层、全连接层，一共含8层结构。

2）AlexNet。AlexNet由Alex Krizhevsky于2012年提出，夺得2012年ILSVRC（ImageNet Large Scale Visual Recognition Challenge）竞赛的冠军，top5预测的错误率为16.4%，远超第一名。AlexNet采用8层的神经网络、5个卷积层和3个全连接层（3个卷积层后面加了最大池化层），最后一个全连接层后面是SoftMax层。包含6亿3000万个链接、6000万个参数和65万个神经元。

3）GoogLeNet。GoogLeNet是2014年ILSVRC冠军，Top5错误率只有6.66%。GoogLeNet创新了新的网络结构形式：使用了1×1卷积；增加了深度，GoogLeNet为22层，比以往网络都深；降维，减小计算量。

4）VGGNet。VGGNet是Oxford大学Visual Geometry Group和DeepMind公司共同研发的一种深度卷积网络，目的是研究深度对卷积网络的影响。VGGNet在2014年在ILSVRC比赛上获得了分类项目的第二名和定位项目的第一名。VGGNet一共有六种不同的网络结构，命名为A-E，均使用简单的3×3卷积，不断重复卷积层（中间有池化），最后经过全连接层、池化层、SoftMax层，得到输出类别概率。VGGNet采用AlexNet思想，网络架构为CONV-POOL-FC形式。VGGNet深度从11（8个卷积核层、3个全连接层）到19（16个卷积核层、3个全连接层）；每个卷积层的depth，从一开始的64到最后的512（每经过一个Max-Pooling，就增加一倍）；A-E每种结构都含有5组卷积，连续多个卷积层，后面卷积层对于输入的感知野会变大，如连续2个3×3卷积层，第二层每个神经元感知野为5×5，多层连续卷积增强了非线性表达能力，而且减少了参数数量；每组卷积后进行一个2×2最大池化，接下来是三个全连接层。在训练高级别的网络时，可以先训练低级别的网络，用前者获得的权重初始化高级别的网络，可以加速网络的收敛。

4.2　基于CNN图像识别的状态识别方法

不同的状态对应的故障特征会存在差异，对于振动故障信号来说，利用图像的分析方法可以提取出不同的故障特征；进而将图像作为 CNN 的学习对象进行学习，挖掘出图像特征并进行状态识别。图像实际上是一个像素值（灰度值）的矩阵，图像识别实际上就是该矩阵的识别。基于该思路，分别提出了基于 CNN 的轴心轨迹识别方法、基于 CNN 的 SDP 图识别方法以及基于 CNN 的 SDP 融合特征图识别方法，其基本原理是通过轴心轨迹、SDP 特征图、SDP 信息融合特征图将振动信号图像化，进而基于 CNN 图像识别进行设备状态的识别，其逻辑图见图 4-6。

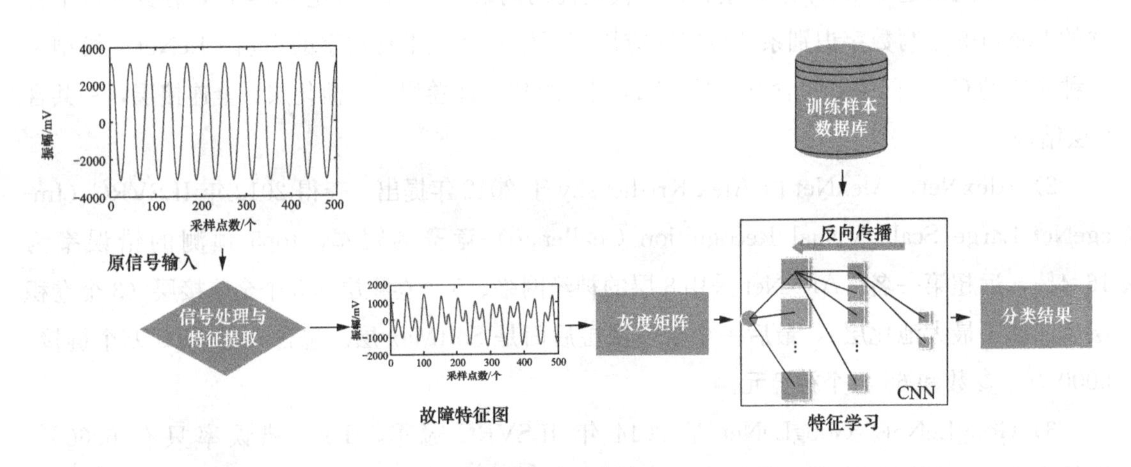

图 4-6 基于 CNN 图像特征学习的状态识别逻辑图

在 CNN 网络结构方面，对传统的 LeNet 网络进行了优化，优化后的网络包含 2 个卷积层（C1、C3）、2 个下采样层（S2、S4）以及全连接层 MLP、输出层。在权衡诊断精度和运算速率的情况下，C1、C3 两层卷积核的大小分别为 5×5、3×3，同时设定 $n_1=6$、$n_2=12$ 为各卷积层卷积核的个数。S2、S4 采用均值采样，大小为 2×2，迭代次数设定为 10，批量尺寸设定为 5。激活函数采用 Relu 函数。本书分别基于上述 3 种方法建立 CNN 状态识别模型，并进行对比研究。

选取 4 种状态振动故障作为学习样本和识别对象，每种状态各 400 组（1024 个振动数据为一组），其中 300 组为训练样本，100 组为测试样本，即样本集共包含 1600 个典型样本数据，采样频率为 1280Hz，采样点数为 1024，试验台转速为 3000r/min，并对其进行归一化处理。

4.2.1 基于轴心轨迹图像的 CNN 状态识别模型

基于轴心轨迹图像的 CNN 状态识别方法通过 2.3.6 节方法获取振动信号轴心轨迹。需要注意的是，在基于 CNN 对轴心轨迹进行图像识别时需要对其进行预处理，如中心化和定位等[14]，否则会在很大程度上影响识别精度。基于 CNN 的振动信号轴心轨迹图像识别方法见图 4-7。

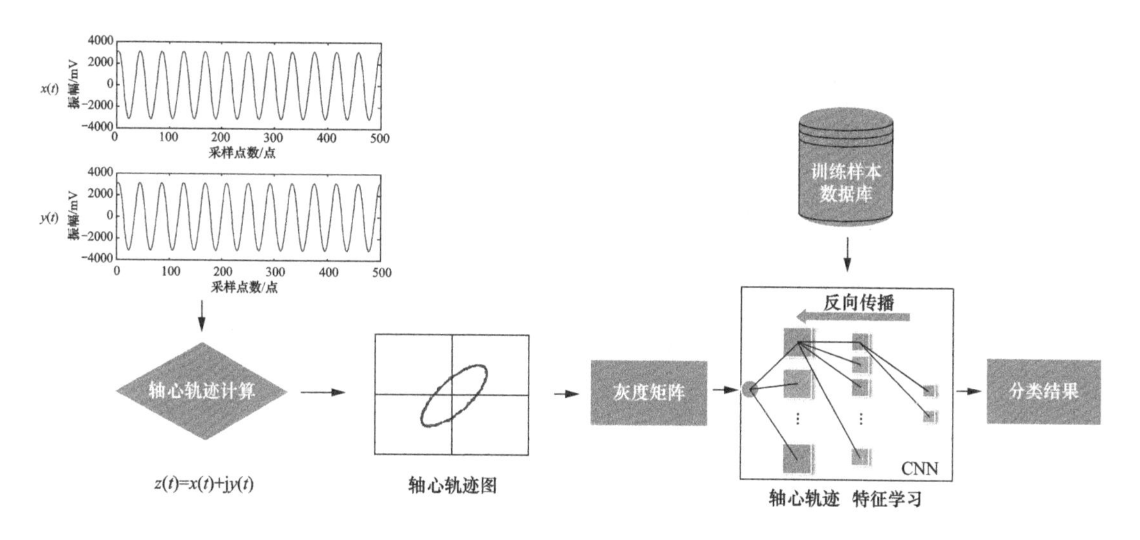

图 4-7　基于 CNN 的振动信号轴心轨迹图像识别方法

采用 4 种故障状态各 300 组数据并获得对应的轴心轨迹图。利用 1200 副轴心轨迹特征图作为样本对 CNN 深度学习模型进行学习训练，得到 CNN 轴心轨迹识别模型。

基于该模型对新的 400 个样本（4 类故障，每类 100 组样本）进行识别实验研究。CNN 对轴心轨迹图像的识别结果见表 4-1。

表 4-1　　CNN 对轴心轨迹图像的识别结果

识别类别 \ 真实类别	不平衡	涡动	碰摩	不对中
不平衡	96	2	1	1
涡动	4	94	0	2
碰摩	2	0	92	6
不对中	1	1	5	93

结果显示，对轴心轨迹的诊断精度为 93.8%。

4.2.2　基于 SDP 图像的 CNN 状态识别模型

振动信号的 SDP 图像可以展示出不同设备运转状态的差异。通过 SDP 图像特征的提取与学习可以实现振动状态的识别。本书提出了基于 CNN 的振动信号 SDP 图像识别方法。该方法首先基于 2.2.6 节方法对振动信号进行 SDP 分析，得到其 SDP 图；进而基于 CNN 对 SDP 图进行深度特征学习，识别振动状态。为了降低图像识别过程深度学习的计算量，选取 SDP 图中 1 个镜像位置图像作为识别对象，其结构见图 4-8。

针对 4.2.1 节同样的振动数据样本，进行 SDP 处理，样本图像像素设定为 32×32。基于上述模型，对 400 组测试样本进行诊断，诊断结果见表 4-2。

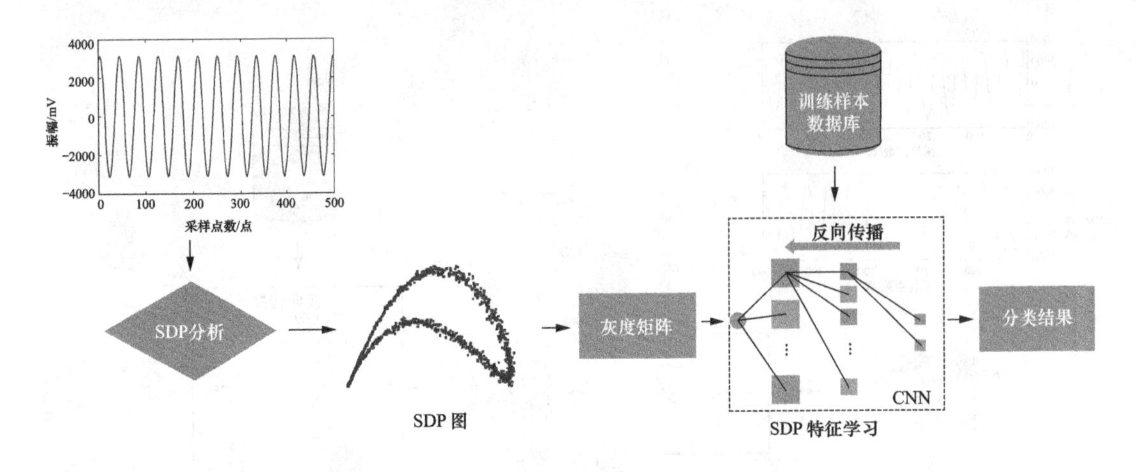

图 4-8　基于 CNN 的振动信号 SDP 图像识别方法

表 4-2　　诊断结果

识别类别＼真实类别	不平衡	涡动	碰摩	不对中
不平衡	99	1	0	0
涡动	1	98	1	0
碰摩	1	0	94	5
不对中	0	1	4	95

根据实验研究该模型的诊断精度可达到 96.5%，表明相对于轴心轨迹的识别，基于 CNN 的 SDP 识别方法具有较高的可靠性。

4.2.3　基于 SDP 融合特征图的 CNN 状态识别模型

基于振动信号 SDP 图可以展示差异特征，但振动信号成分复杂且非线性、非稳定性强，同时，人工识别图像特征需要大量专家经验，且很难识别图像的细小差别。针对该问题，提出了基于 SDP 特征信息融合的故障诊断方法。

利用 SDP 方法能够进行信息融合特性，可对各阶模态分量信号进行信息融合，以充分展示信号特征。同时，结合 CNN 在图像识别中的优越性能，提出了基于 SDP 特征信息融合的 CNN 故障诊断模型。具体步骤如下：

步骤 1，利用 KL-HVD 方法对原始信号进行分解，得到信号的分量，同时为了消除虚假分量的干扰，基于 3.2 节研究成果去除虚假分量，保留信号的真实模态；

步骤 2，利用 SDP 分析方法对各个模态分量进行信息融合，绘制 SDP 图像；

步骤 3，将 SDP 图像作为 CNN 模型的输入进行深度特征学习，识别振动状态。基于 CNN 的振动信号 SDP 图像识别方法见图 4-9。

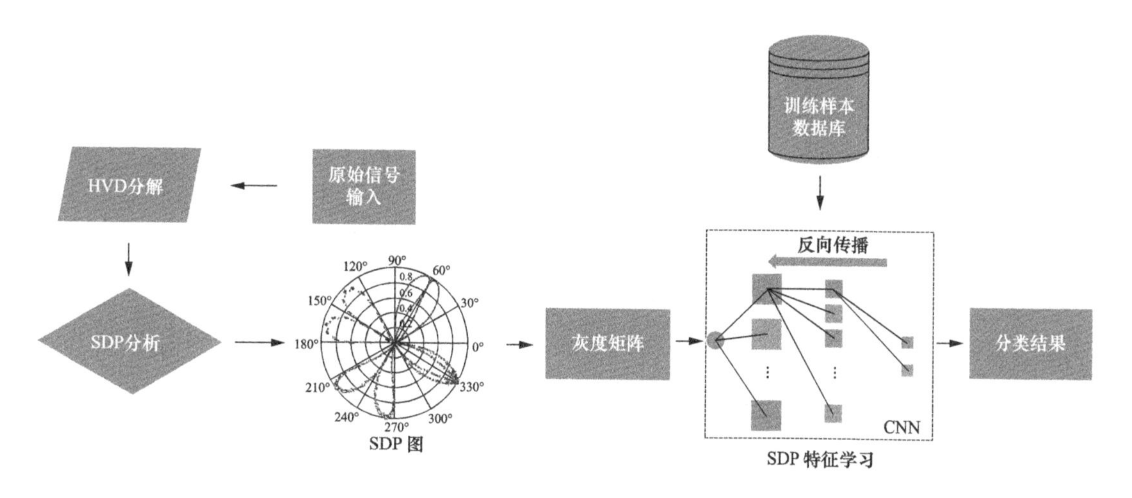

图4-9　基于CNN的振动信号SDP图像识别方法

对仿真信号进行实验研究，通过3种仿真信号模拟不同的振动状态，即多周期叠加信号（25Hz+50Hz）、（50Hz+100Hz+150Hz）；非线性调制信号（50Hz周期成分+调制信号）；冲击信号（50Hz+100Hz+150Hz+冲击信号）。同时，对各个信号加入了信噪比为50的噪声，其表达式见式（4-13）～式（4-15）。

$$x_1(t)=0.6\times\cos(2\pi\times 25\times t)+0.8\times\cos(2\pi\times 50\times t)+n(t) \tag{4-13}$$

$$x_2(t)=0.8\times\cos(2\pi\times 50\times t)+0.6\times\cos(2\pi\times 100\times t)+0.6\times\cos(2\pi\times 150\times t)+n(t) \tag{4-14}$$

$$x_3(t)=1\times\cos(2\pi\times 50\times t)+0.8\times\sin(2\pi\times 5\times t)\times\cos(2\pi\times 100\times t)+n(t) \tag{4-15}$$

$$x_4(t)=1\times\cos(2\pi\times 50\times t)+0.8\times\cos(2\pi\times 100\times t)+0.6\times\cos(2\pi\times 150\times t)+s(t)+n(t) \tag{4-16}$$

$$s(t)=\sum_{m=1}^{M}B_m\exp[-\beta(t-mT_p)]\times\cos[2\pi\times f_r\times(t-mT_p)]\times u(t-mT_p) \tag{4-17}$$

式中：$s(t)$表示冲击信号，$n(t)$表示噪声信号，以模拟随机干扰。冲击信号参数见表4-3，图4-10所示为各个仿真信号的波形图，图4-11所示为个仿真信号KL-HVD的分解结果。

表4-3　　冲击信号参数

M	B_m	β	f_r	T_p
14	1.5	420	240	1/30s

通过HVD分解图像可以很明显地看出各阶模态的真实分量。例如，仿真信号x_1前两阶模态分量信号为真实信号，仿真信号x_2分解结果可以很明显看出，成功分解出了25Hz、

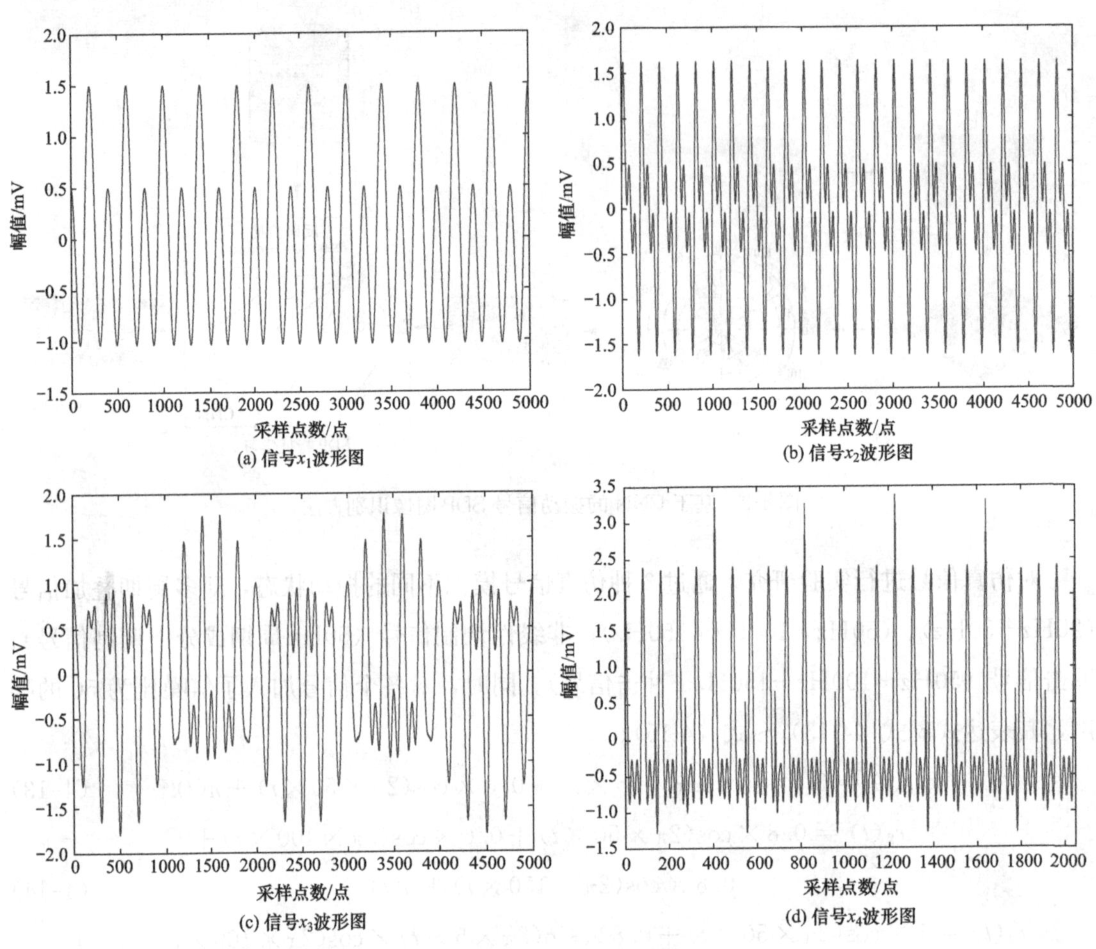

图 4-10　各个仿真信号的波形图

50Hz、150Hz 各阶模态分量信号，而对于信号 x_3 该方法可以成功分解出周期信号和调幅信号，同时冲击信号 x_4 可分解出周期信号与冲击信号，并将 HVD 分解出的真实分量信号通过 SDP 方法绘制 SDP 图像，见图 4-12。

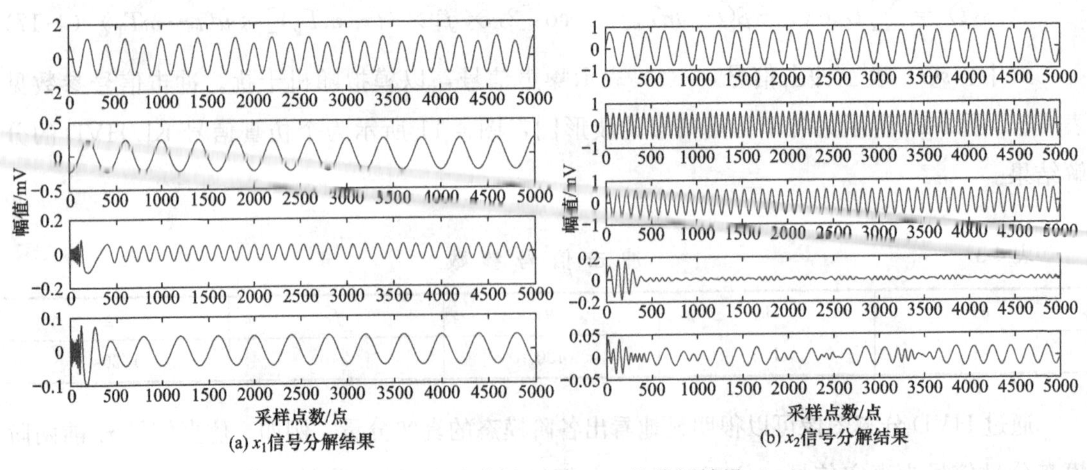

图 4-11　各个仿真信号 KL-HVD 的分解结果（一）

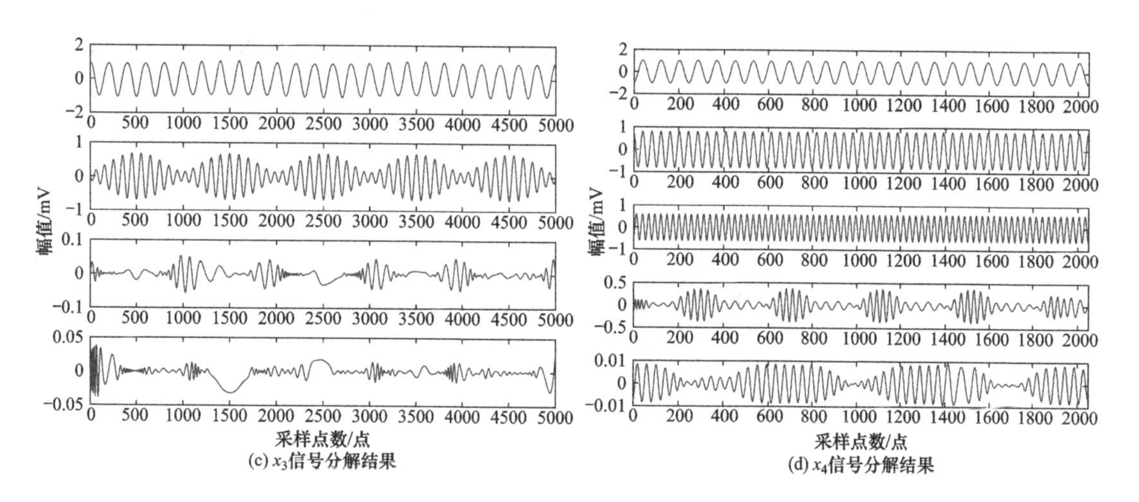

图 4-11　各个仿真信号 KL-HVD 的分解结果（二）

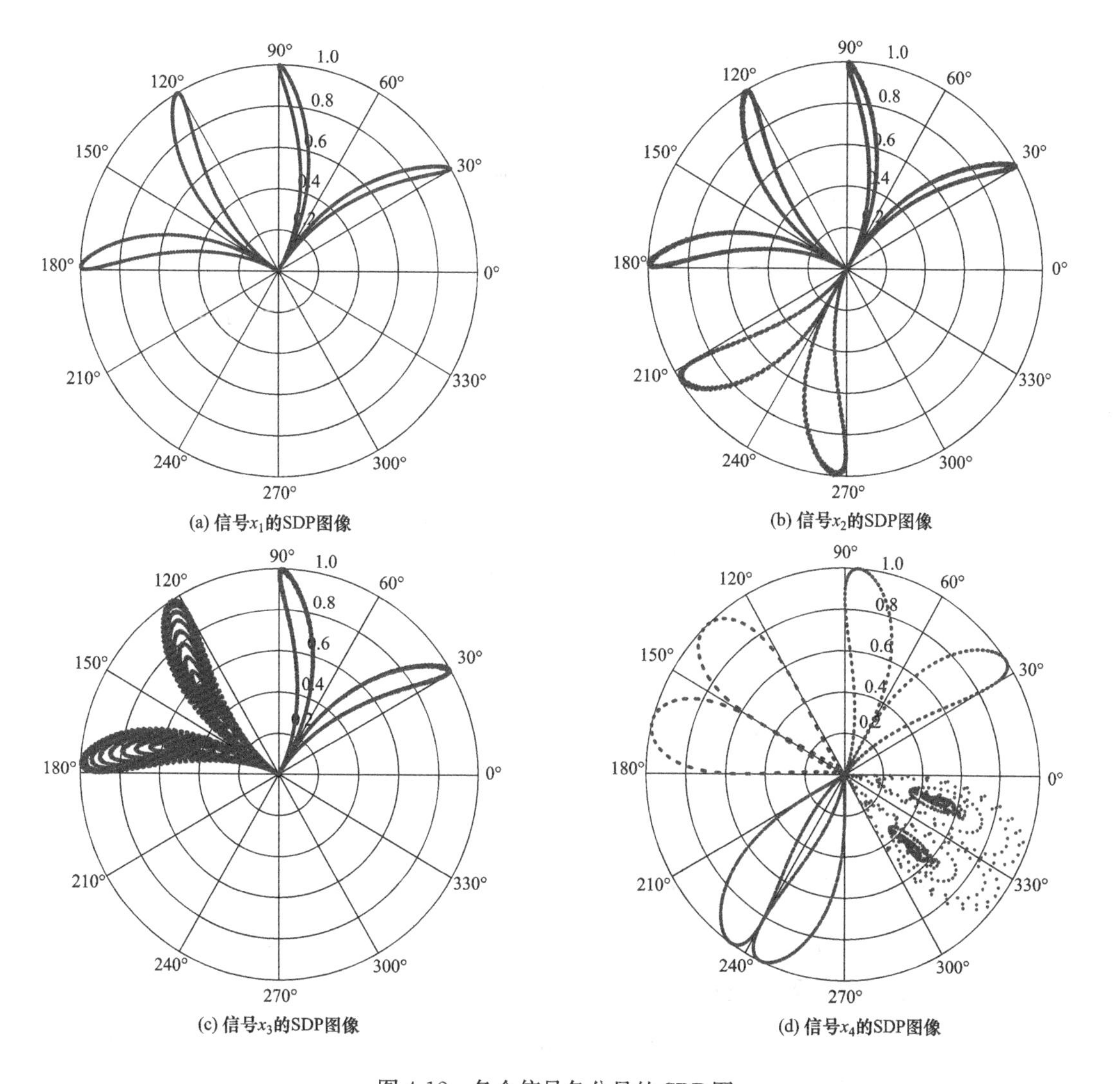

图 4-12　各个信号各分量的 SDP 图

通过图 4-12 可以看出，采用 SDP 方法，可以将信号中的各阶模态分量的信息成功融合，从而更充分表达原始信号特征，可为之后 CNN 模型的特征学习做好准备。

4.3 实验研究

同样选取 4.1 节 1600 组样本进行实验研究。即首先选取采用 4 种故障状态各 300 组数据并获得对应的 SDP 融合特征图。4 种故障波形图见图 4-13。

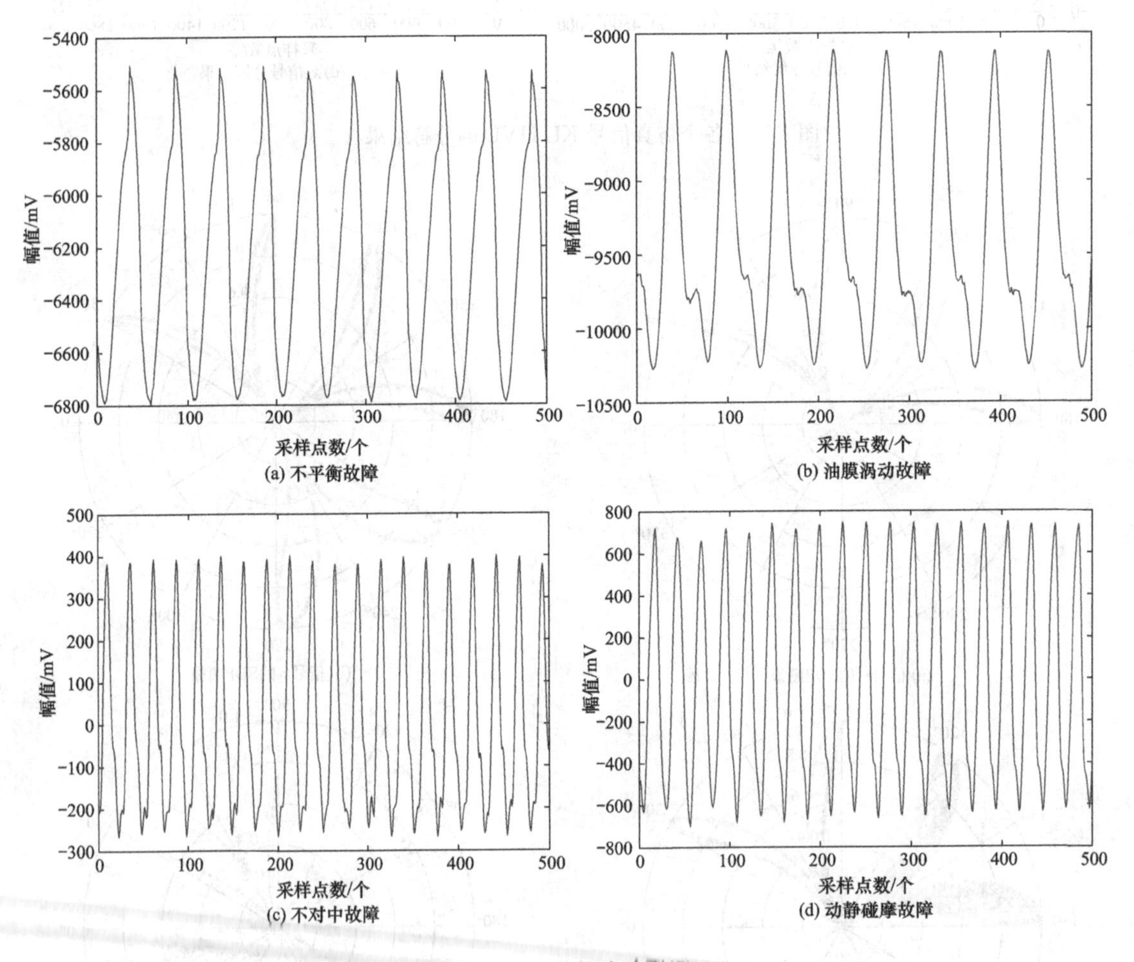

图 4-13　4 种故障波形图

对原始信号进行 KL-HVD 五阶分解，计算各分量与原信号间 KL 散度值，其结果见表 4-4。同时，为了进一步准确区分虚假分量，利用表 4-4 得到的 KL 散度识别方法结果建立了 GMM 模型，模型聚类结果见表 4-5。

可以明显看出该方法可以准确地对模型的虚假分量进行识别。为了进行对比，同时绘制了包含虚假分量与去除虚假分量的 SDP 图像进行分析，如图 4-14 和图 4-15 所示。

表 4-4　　四种故障 KL 散度识别方法结果

项目	分量 1	分量 2	分量 3	分量 4	分量 5
不平衡	0.0001	0.0097	0.0973	0.1670	0.7259
油膜涡动	0.0013	0.0153	0.0904	0.3090	0.5840
动静碰摩	0.0002	0.0362	0.0448	0.1184	0.8004
不对中	0.0011	0.0219	0.1060	0.1571	0.7139

表 4-5　　基于 KL 散的 HVD 分量的聚类结果

项目	分量 1	分量 2	分量 3	分量 4	分量 5
不平衡	1	0	0	0	0
油膜涡动	1	1	0	0	0
动静碰摩	1	1	1	1	0
不对中	1	1	1	1	0

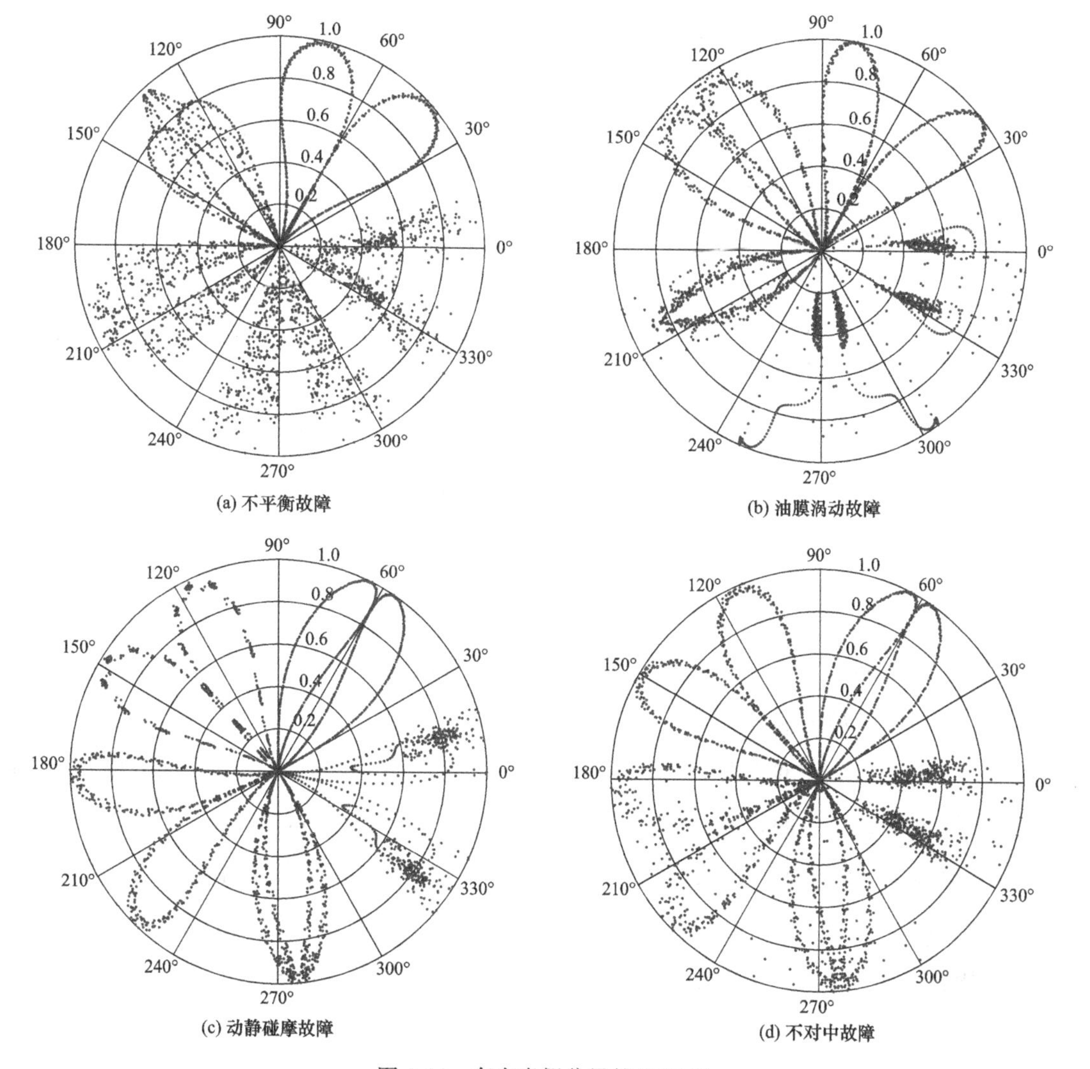

图 4-14　存在虚假分量的 SDP 图

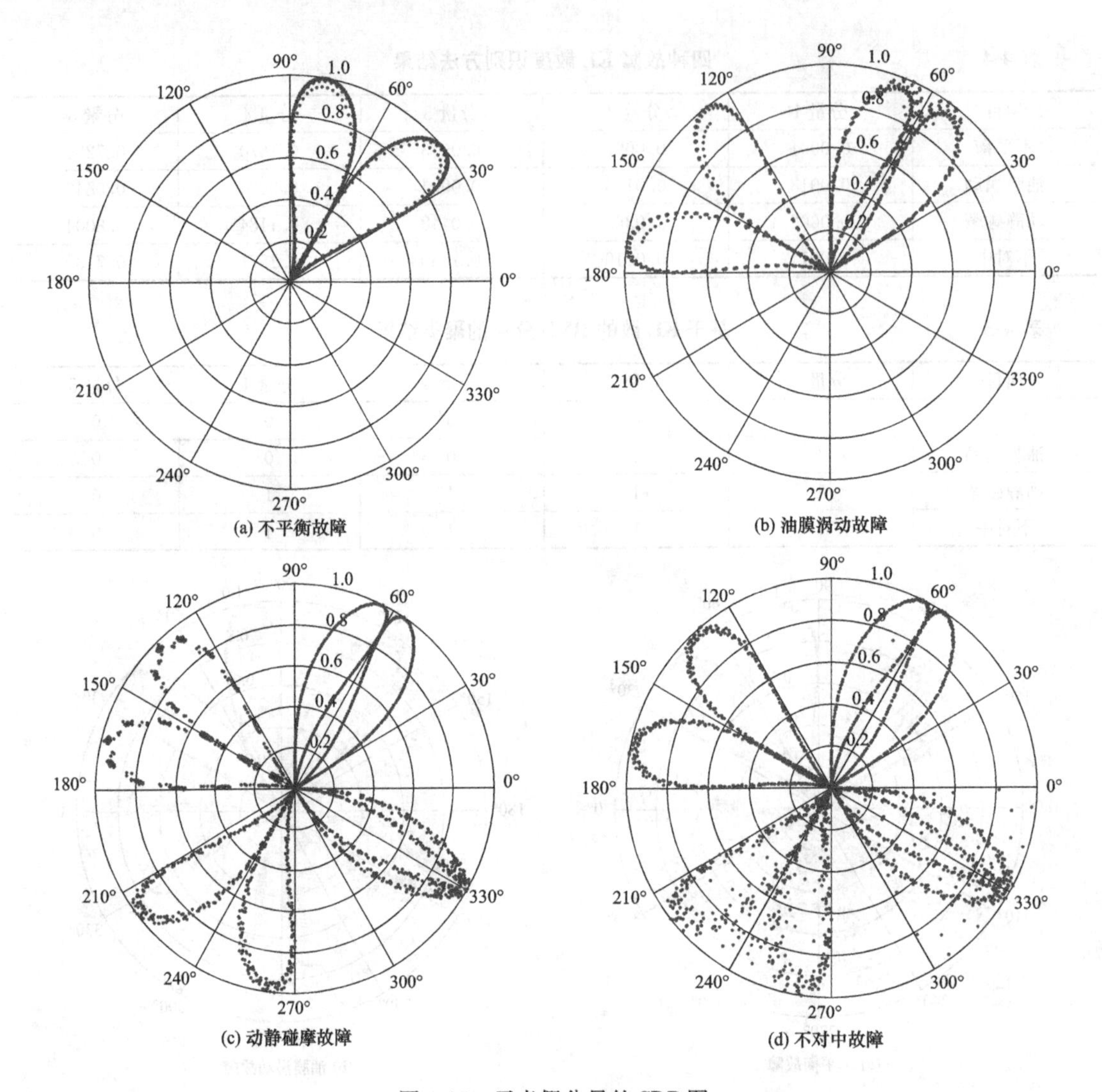

图 4-15　无虚假分量的 SDP 图

通过对比可以看出，仅对信号中真实分量进行 SDP 分析可降低 SDP 图像的复杂程度，加快卷积神经网络的学习速度，同时更加突出信号的特征。因此，将真实分量信息融合后的 SDP 图作为 CNN 模型的输入。

通过上述方法，对其他数据样本进行处理，并生成 SDP 图像样本，并作为 CNN 模型输入，在 CNN 网络结构方面，本书选用的 CNN 包含 2 个卷积层（C1、C3）、2 个下采样层（S2、S4）以及全连接层 MLP、输出层。在权衡诊断精度和运算速率的情况下，两层卷积核的大小分别为 5×5、3×3，同时选取 $n_1=6$、$n_2=12$ 为各卷基层卷积核的个数。S2、S4 采用均值采样，大小为 2×2。迭代次数为 10，批量尺寸大小 batchsize=5，激活函数采用 *Relu* 函数，实验结果以及诊断精度见表 4-6。

根据实验研究该模型的诊断精度可达到 97.7%，表明本书提出的诊断方法具有较高的可靠性。相对于直接对信号进行 SDP 分析，本书提出方法可更加充分、明显表达原始信号的特征。

表 4-6　　分 类 结 果

识别类别＼真实类别	不平衡	涡动	碰摩	不对中
不平衡	100	0	0	0
涡动	0	100	0	0
碰摩	0	1	95	4
不对中	0	0	4	96

另外，从实验结果可以分析得出，信息融合的 SDP 的识别率高于原始信号 SDP 的识别率。为了分析原因，对原信号 SDP 图像特征、信息融合的 SDP 图像特征、基于 CNN 深度学习的信息融合 SDP 特征（全连接层特征）进行 T-SNE 可视化，T-SNE 算法能同时考虑数据全局与局部关系，T-SNE 图可以更全面地通过视觉直观验证算法有效性。

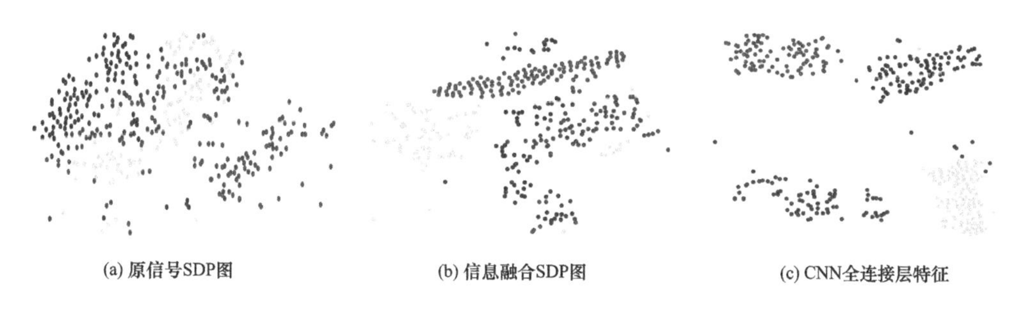

(a) 原信号SDP图　　(b) 信息融合SDP图　　(c) CNN全连接层特征

图 4-16　各方法 T-SNE 图

由图 4-16 可知，原信号 SDP 图特征所得出的 T-SNE 图各故障间有一定区分度，但存在着各故障类别间分隔不明显、混杂较多等问题；信息融合的 SDP 图特征所得出的 T-SNE 图各故障间混杂较少，大大提高了聚类效果，区域分隔较明显；而 CNN 深度学习后的全连接层特征则使得各故障间聚类效果最好，各故障间的区分度很高，区域分隔明显，混杂少。因此，基于 CNN 的 SDP 融合特征图识别的故障诊断模型可以实现更高精度的状态识别。

4.4 小　　结

针对设备状态监测，为了更加自适应地从运行数据中提取更深层的状态特征、提高状态识别精度，本章提出了基于 CNN 图像识别的状态监测方法。同时，研究提出了轴心轨迹图、SDP 图、SDP 融合特征图作为学习对象，并分别建立了基于三种特征图像的状态识别模型。

通过本章研究得到以下结论：

（1）基于CNN图像识别的状态识别方法通过对识别对象的深度特征学习，实现了较高精度的故障状态识别，本章建立的基于轴心轨迹特征图的CNN状态识别模型、基于SDP特征图的CNN状态识别模型、基于SDP融合特征图的CNN状态识别模型的识别精度分别达到了93.8%、96.5%、97.7%。

（2）轴心轨迹图、SDP图、SDP融合特征图可以从原始数据中提取有效的特征信息，较为清晰地反映出设备运转状态，提高CNN模型的识别精度。

（3）从对比结果上可以看出，基于SDP融合特征图的CNN状态识别模型较其他方法获得了更高的识别精度，通过对非融合下的SDP图、SDP融合特征图及其在深度学习后的全连接特征层的T-SNE分布可以发现，SDP融合特征图可以更好地体现出不同状态的特征差异，而经过深度特征学习后，其不同状态特征差异更加明显，这为模型最终的高精度识别提供了有力的特征基础。

第 5 章

基于一维卷积神经网络的振动状态识别

在深度学习框架下的故障诊断中，经典 CNN 模型大都是针对识别二维图像特征设计的。若将一维振动信号转化为二维信号图像（振动信号图像、频谱图像或其他特征图像）进行深度学习，其坐标轴的选取、图像拉伸、位移以及图像分辨率等因素都会对故障特征在图像上的表示造成干扰，这直接影响了深度学习的效果。针对这些问题，提出一种基于 1D-CNN 的转子故障诊断方法，该方法以振动信号的一维向量为直接处理对象，不依赖于人工设计的特征提取方法，利用 CNN 自适应的学习原始信号特征，避免了信号转化过程的干扰，能够实现端到端的学习与诊断。

在 CNN 的基本单元、传播方式以及模型结构进行研究分析的基础上，导出一维 CNN 模型，并利用一维 CNN 模型对模拟转子振动故障进行识别，验证该模型的诊断性能。

5.1 1D-CNN 方法

振动波形图反映的振动信号其本质上是一列随时间变化的幅值向量。在利用 CNN 对其进行特征学习时，可将不同图像作为 CNN 输入进行学习，但这种方式需要经过一维向量信号到二维图像的转换，在转换过程图像坐标轴的选取，图片的位移和缩放都会影响故障特征在图像上的表示。

为了让 CNN 能够更直接、更接近本质地学习到振动信号的故障特征，本节试图以原始振动信号的一维幅值向量作为 CNN 的学习对象，使得 CNN 提取到振动信号的故障特征，完成分类任务，而这种以一维向量为输入的卷积神经网络称为一维卷积神经网络。

相比于经典的 CNN 模型，1D-CNN 特点在于其输入的是一维数据，但其计算和传播方法与经典 CNN 模型并未有本质不同，相比于图像识别中 $h \times w$ 的二维图像矩阵输入，一维 CNN 的输入被限定为 $1 \times w$ 的向量。由于一维 CNN 的输入为一维结构，因此每个卷积层和池化层的输出也相应为一维向量，对应的卷积核也由 $n \times n$ 改为 $1 \times n$，对应的池化操作也改为一维形式。图 5-1 所示就是一种一维卷积神经网络，如图 5-2 和图 5-3 所示，它的卷积计算和池化计算都是一维向量形式，在计算中卷积计算能够扩展其特征向量的深度，而不改变其一维属性。

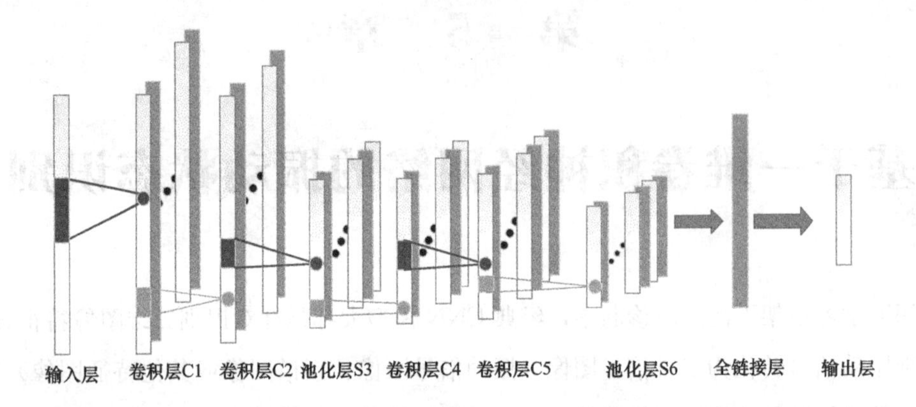

图 5-1　1D-CNN 模型

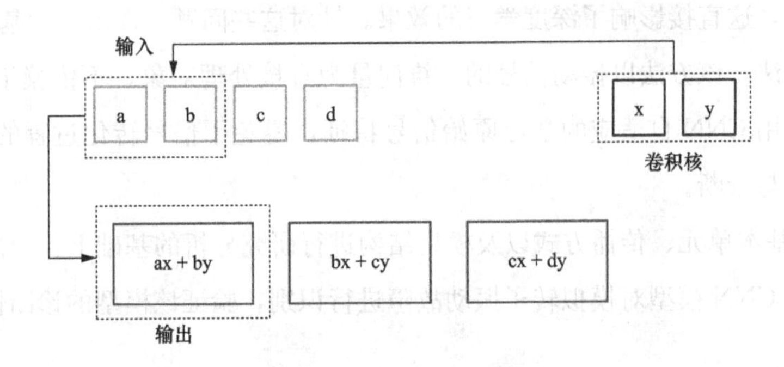

图 5-2　1D-CNN 卷积计算

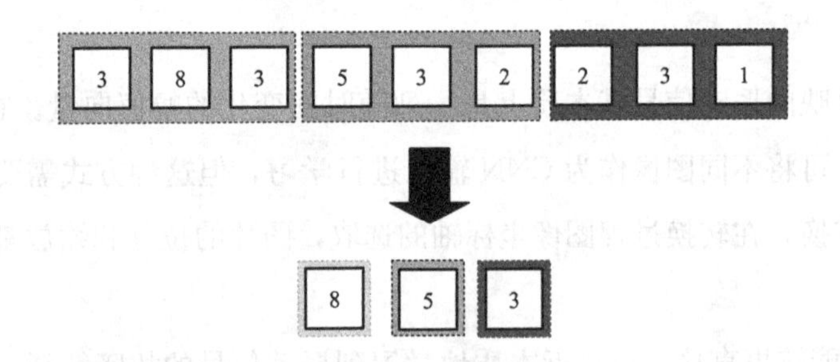

图 5-3　1D-CNN 最大池化计算

在故障诊断领域，设备的原始振动信号是一维向量形式，经过信号解调技术获得解调信号往往也是以单个或多个一维向量形式，因此这种以一维向量作为识别对象的 CNN 在故障诊断领域有很强的适用性，它也是其他深度学习框架下故障诊断模型的基础。

由于一维 CNN 模型是在经典 CNN 基础上设计得到的，所以它继承了很多 CNN 的优势，同时面对识别对象（振动信号），它也具有一些特有的优点：

(1) 特征提取自适应。一维 CNN 进行故障分类的最大优点就是采用端对端的处理方式，把传统图像分类任务中的信号预处理、特征提取变为一个黑盒子，研究人员只需要把精力放在研究如何设计 CNN 网络架构和优化网络参数上。CNN 首先把与向量卷积得到的特征进行前向传播，然后通过网络输出值与数据标签的差值反向传播来调整网络参数，通过这样的方式 CNN 能够自动提取到有利于分类任务的特征，避免了人工特征提取的主观性和不确定性。

（2）权值共享/局部感知野。一维 CNN 利用局部感知野方法采用局部连接网络，相比全连接神经网络，其权值连接个数可得到大幅度降低，从而提升网络的训练速度。同时，CNN 模型的卷积阶段利用多个小卷积核叠加替代较大的卷积核，保障了感知野的范围[25]。卷积层权值共享，进而减少了权值的数量，降低了网络模型的复杂度，进一步提升了网络训练速度。

（3）下采样。一维 CNN 通过下采样将一定邻近内的信号条压缩成一个信号点，使一维信号特征缩放，它通常紧接着卷积层，根据缩放算法的不同，对输入一维特征数据块进行逐层缩放，让各层获得不同比例的局部感知野，使得模型获得振动信号特征的缩放不变性，增强泛化能力。

5.2　基于 1D-CNN 的状态识别方法及模型研究

5.2.1　状态识别方法研究

由 CNN 原理及相关分析可以看出，CNN 是一种不同于传统的机器学习算法，它通过模拟具有复杂结构的脑神经系统，建立了类似于人脑的深层模型结构，具有自主地学习到输入信号的特征表示，实现对图像进行分类的能力。在此基础上设计出的一维卷积神经网络继承了经典 CNN 的绝大部分优点，同时在处理一维振动信号时它也能更加直接地提取故障特征。因此，尝试将一维卷积神经网络应用于振动故障诊断中，在不通过人工特征提取的前提下，直接对振动信号进行识别、诊断。具体训练诊断步骤如下。

（1）通过实验获得设备不同故障状态下的振动信号，并选定长度为 N 的 n 组不同故障信号作为学习样本集。

（2）建立如图 5-1 所示的一维卷积神经网络，设置初步的网络结构、激活函数、学习率等参数。

（3）利用获得的学习样本集对 1D-CNN 进行训练，以识别率为优化目标，对 1D-CNN 模型结构及模型参数进行反复试验调整，建立基于 1D-CNN 的振动状态识别模型。

（4）将一维待测样本作为输入，基于 1D-CNN 模型深度自适应的学习待测样本特征，实现待测样本的振动状态识别。

基于1D-CNN的振动状态识别方法是将原始的振动信号向量时间序列直接作为1D-CNN模型输入，通过对大量样本的学习，使1D-CNN能自适应地提取到原始信号中的故障特征，使其具有识别诊断能力，最终实现待测信号的状态监测。

5.2.2 状态识别模型研究

对于1D-CNN来说，模型结构及参数设置影响着模型特征提取效果、模型的识别精度和效率。为了有效地从信号中提取出最有利于对样本进行分类的特征表示，应寻找出最优的网络结构及参数。

通过筛选和实验设计了一个基本的CNN结构，如图5-4所示。图5-4中C layer为卷积层，S layer为最大池化层，FC layer为全连接层。该结构是通过先期实验和参考成熟的CNN模型建立的，其特点在于使用两个卷积层进行叠加。

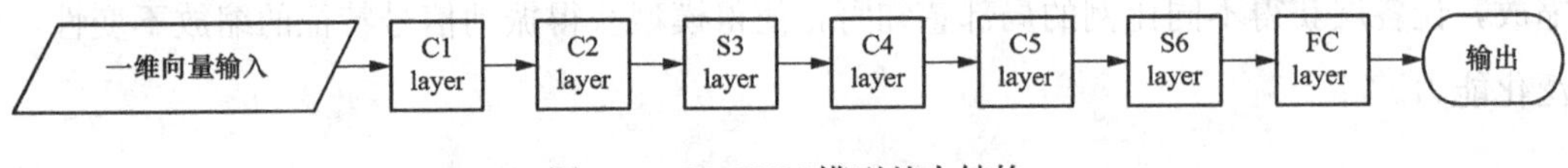

图5-4 1D-CNN模型基本结构

对模型的结构、参数进行研究需要一定数量的学习样本。针对齿轮传动系统建立状态识别模型，基于风力发电机组传动系统振动实验台获取传动系统平行齿轮各状态振动数据作为实验样本。实验采样频率设置为2000Hz，转速为1200r/min，选取的实验样本如表5-1所示。

表5-1　　齿轮振动信号实验样本

故障类型	样本长度	数据集	
		训练集/组	测试集/组
正常	10240	300	100
断齿	10240	300	100
裂纹	10240	300	100
磨损	10240	300	100
缺齿	10240	300	100
剥落	10240	300	100
偏心	10240	300	100

针对分类任务，以测试集的分类正确率作为标准，设置学习率为0.005，学习率衰减函数为Exp（指数衰减），全连接层神经元数量为64。只有当卷积层深度不足时，卷积层的深度才会对模型分类准确率产生明显影响，随着卷积层深度进一步增加，模型分类准确率变化较小，模型训练时间却大大增加，模型收敛更加困难，因此选择32、64的卷积层深度来完成分类任务。最终确定了CNN模型的结构参数，如表5-2所示。

表 5-2　　CNN 模型参数设置

层	卷积核大小（高×宽/步长）	卷积层深度	特征图尺寸
输入层			1×10240
卷积层 C1		32	1×10240×32
卷积层 C2		32	1×10240×32
池化层 P3（max）	1×2/2	32	1×5120×32
卷积层 C4		64	1×5120×64
卷积层 C5		64	1×5120×64
池化层 P6（max）	1×2/2	64	1×2560×64
全连接层 FC	64	1	64×1
输出层	7	1	7

使用表 5-1 中的数据训练表 5-2 中的 CNN 模型，在 C1、C2、C4、C5 层分别使用 1×1、1×2、1×4、1×6 和 1×8 的卷积核进行卷积核的优化。

由表 5-3 可知，对于同类型的轴承振动信号，选择 C1、C2 为 1×8 的卷积核，C4、C5 为 1×6 的卷积核，CNN 对于振动信号的故障识别精度最高，识别精度最低能达到 96.3%。由此确定了 CNN 模型的结构参数，如表 5-4 所示。

表 5-3　　卷积核优化结果

C4、C5 / C1、C2	1×1	1×2	1×4	1×6	1×8
1×1	57.6%	63.4%	52.3%	57.8%	55%
1×2	85.3%	85.5%	80.1%	75.8%	77.2%
1×4	80%	77.2%	85.6%	85.5%	83.1%
1×6	85.2%	88.3%	90.9%	82.2%	82.5%
1×8	82.9%	80%	88.5%	96.3%	82.6%

表 5-4　　CNN 模型参数设置

层	卷积核大小（高×宽/步长）	卷积层深度	特征图尺寸
输入层			1×10240
卷积层 C1	1×8/1	32	1×10240×32
卷积层 C2	1×8/1	32	1×10240×32
池化层 P3（max）	1×2/2	32	1×5120×32
卷积层 C4	1×6/1	64	1×5120×64
卷积层 C5	1×6/1	64	1×5120×64
池化层 P6（max）	1×2/2	64	1×2560×64
全连接层 FC	64	1	64×1
输出层	7	1	7

为了讨论该模型对于各种信号的识别精度稳定性，尤其是最优卷积核对不同信号的匹配

性，需基于该模型，对传动系统不同状态振动样本进行实验研究。

1. 不同采样频率信号的识别研究

通过改变采样频率得到同一故障类型下多组相同转速下的振动数据，采样频率为2000Hz、4000Hz、8000Hz、16000Hz、32000Hz，选用转速为1200r/min，如表5-5所示。

表5-5　不同采样频率振动信号样本

采样频率	样本长度	数据集	
		训练集/组	测试集/组
2000Hz（所有故障类型）	10240	300	100
4000Hz（所有故障类型）	10240	300	100
8000Hz（所有故障类型）	10240	300	100
16000Hz（所有故障类型）	10240	300	100
32000Hz（所有故障类型）	10240	300	100

使用表5-1和表5-5数据对1D-CNN模型进行训练。每个采样频率信号都进行了5轮不同故障状态实验，最后取得标准差以及平均识别率，将上述各采样频率信号的故障识别率作对比，如表5-6所示。

表5-6　不同采样频率振动信号故障识别率对比

转速-采样频率	平均识别准确率/%	标准差
1200r/min-2000Hz	96.3	0.034
1200r/min-4000Hz	91	0.128
1200r/min-8000Hz	83.2	0.113
1200r/min-16000Hz	76.8	0.265
1200r/min-32000Hz	71	0.227

由表5-6可知，采样频率为2000Hz时，故障识别精度最高。当信号的采样频率改变时，识别率都会有不同程度的下降。为了进一步分析出现这种结果的原因，对CNN在全连接层的前一层提取到的特征信息进行更为直观的对比，如图5-5所示。

从图5-5中可看出，不同故障有着不同的故障特征，并且故障特征随着采样频率的增大而变得更为复杂。并且可以看出随着采样频率的增大，裂纹、磨损与正常的故障区分度在逐渐变小。这是由于信号采样频率的改变，会造成信号与卷积核的匹配性下降，使得CNN无法利用局部感知野获取具有较大区分度的故障特征，导致CNN获取裂纹、磨损与正常的特征信息难以区分，结果是识别率大幅下降。

CNN对故障的识别与分类结果可以用T-SNE图来进行可视化，T-SNE图聚类效果的好坏可以反映出CNN识别精度的高低。因此，作出各采样频率信号在全连接层的T-SNE图进行分析，如图5-6所示。

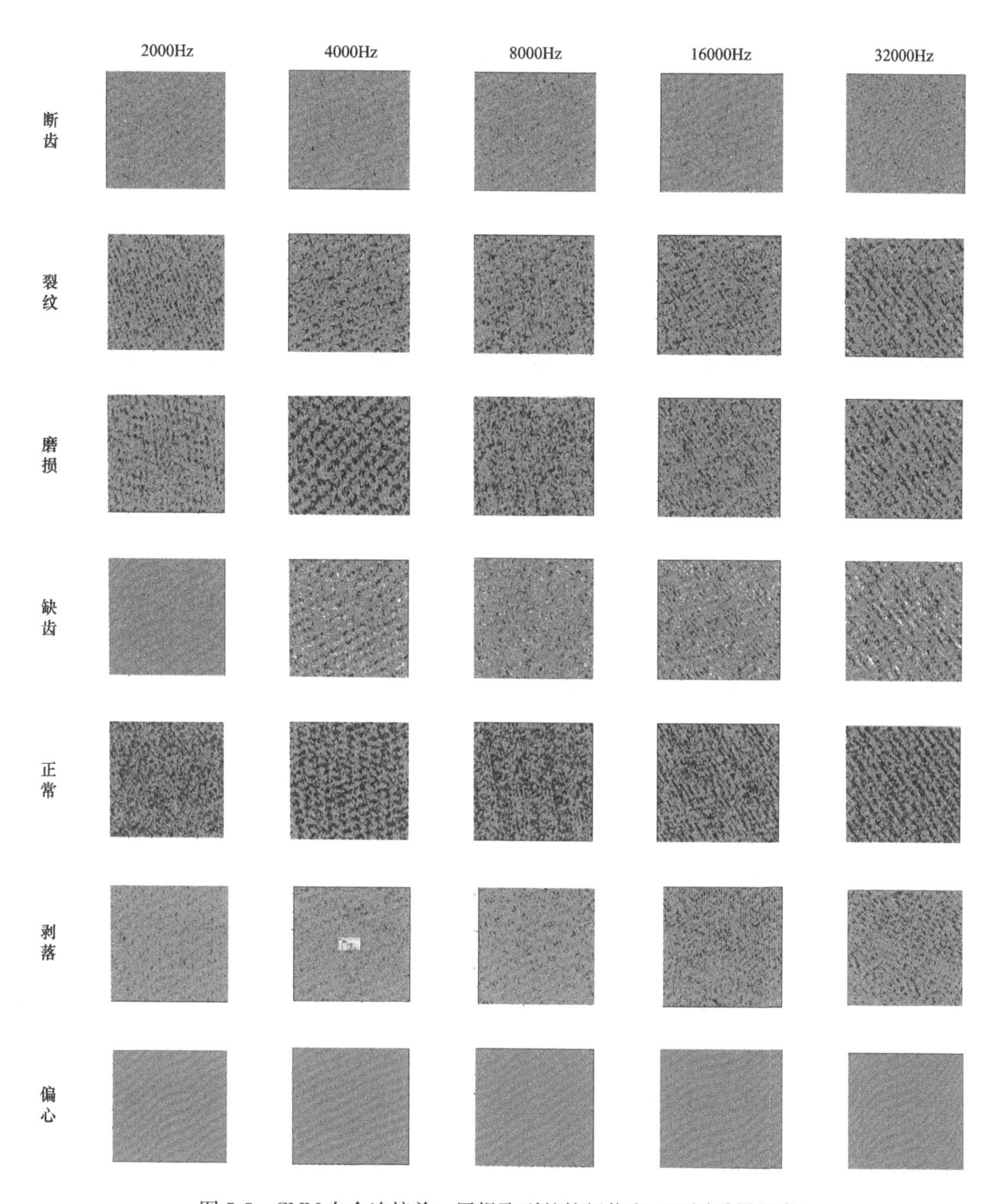

图5-5　CNN在全连接前一层提取到的特征信息（不同采样频率）

由图5-6也可看出，8000Hz、16000Hz与32000Hz的T-SNE图聚类效果较差，且各故障的交叉比较多；4000Hz的聚类效果较好，且交叉较少；2000Hz的聚类效果最好，且交叉最少。

2. 不同转速信号的识别研究

为进一步验证信号与最优感知野模型的匹配性研究，对不同转速的数据进行实验研究。通过改变电动机转速得到各故障类型在1200r/min、1500r/min、1800r/min、2100r/min转速下的振动数据，采样频率为 2000Hz。不同转速振动信号样本如表 5-7 所示。

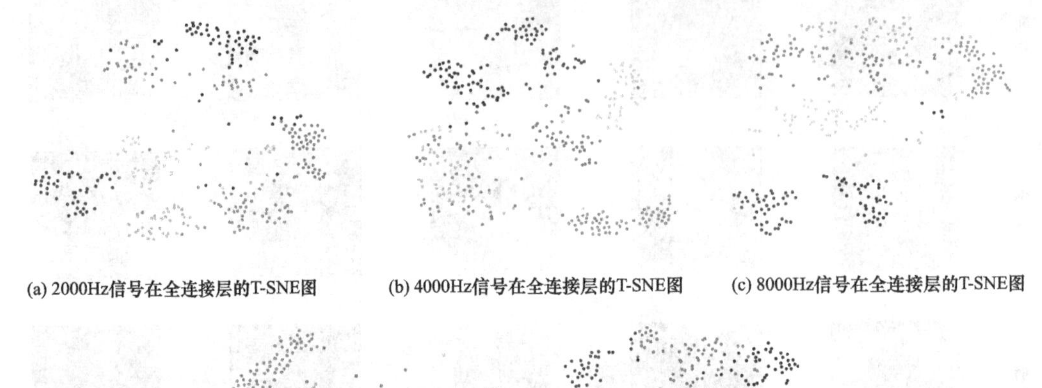

(a) 2000Hz信号在全连接层的T-SNE图　(b) 4000Hz信号在全连接层的T-SNE图　(c) 8000Hz信号在全连接层的T-SNE图

(d) 16000Hz信号在全连接层的T-SNE图　(e) 32000Hz信号在全连接层的T-SNE图

图 5-6　不同采样频率信号在全连接层的 T-SNE 图

表 5-7　　不同转速振动信号样本

转速	样本长度	样本集	
		训练样本	测试样本
1200r/min（所有故障类型）	10240	300	100
1500r/min（所有故障类型）	10240	300	100
1800r/min（所有故障类型）	10240	300	100
2100r/min（所有故障类型）	10240	300	100

将表 5-7 中训练样本数据加入之前的样本集，对模型进行训练，每个转速信号各进行 5 轮实验，最后取得标准差以及平均识别率，如表 5-8 所示。

表 5-8　　不同转速振动信号故障识别率对比

转速-采样频率	平均识别准确率/%	标准差
1200r/min-2000Hz	90.0	0.034
1500r/min-2000Hz	91.7	0.082
1800r/min-2000Hz	88.1	0.065
2100r/min-2000Hz	86.5	0.144

由表 5-8 可知，转速为 1200r/min 时，故障识别精度最高。当信号的转速改变时，识别率都会有不同程度的下降。对于这种现象，做出了 CNN 在全连接层的前一层提取到的特征信息图进行分析，如图 5-7 所示。

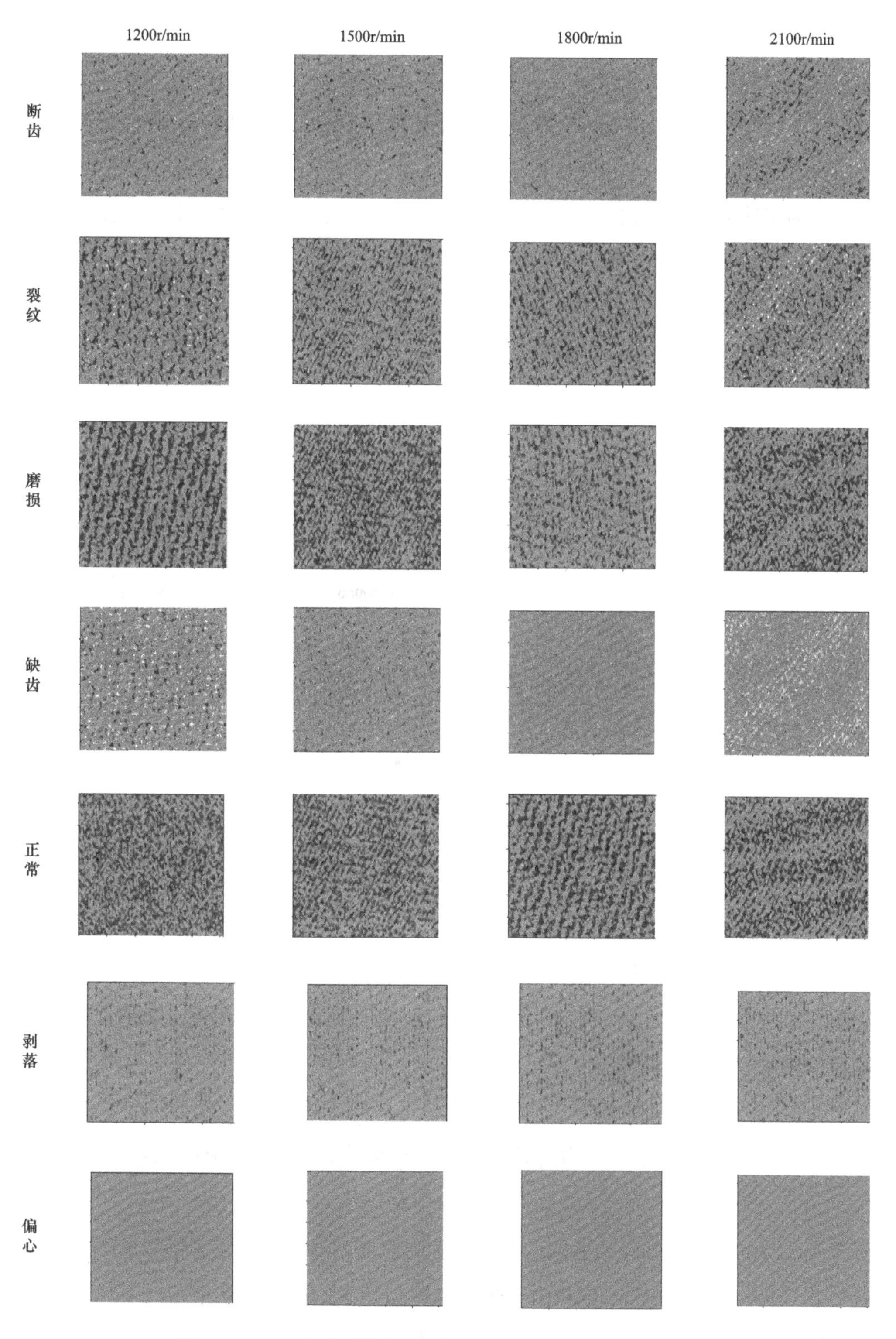

图 5-7　CNN 在全连接前一层提取到的特征信息（不同转速）

从图 5-7 中可看出，不同故障有着不同的故障特征，转速为 1200r/min 时，各故障特征图之间的区分度很高，但随着转速的增大，各故障特征图的区分度反而在不断地减小。这同样是由于转速的变化，导致了信号与卷积核匹配性的下降，造成了局部感知野难以提取故障特征的问题，最终也就是识别率的降低。

同时，为了明确地观察到 CNN 的故障分类情况，对全连接层的故障分类情况进行了 T-SNE 可视化，做出各转速对应的 T-SNE 图，如图 5-8 所示。

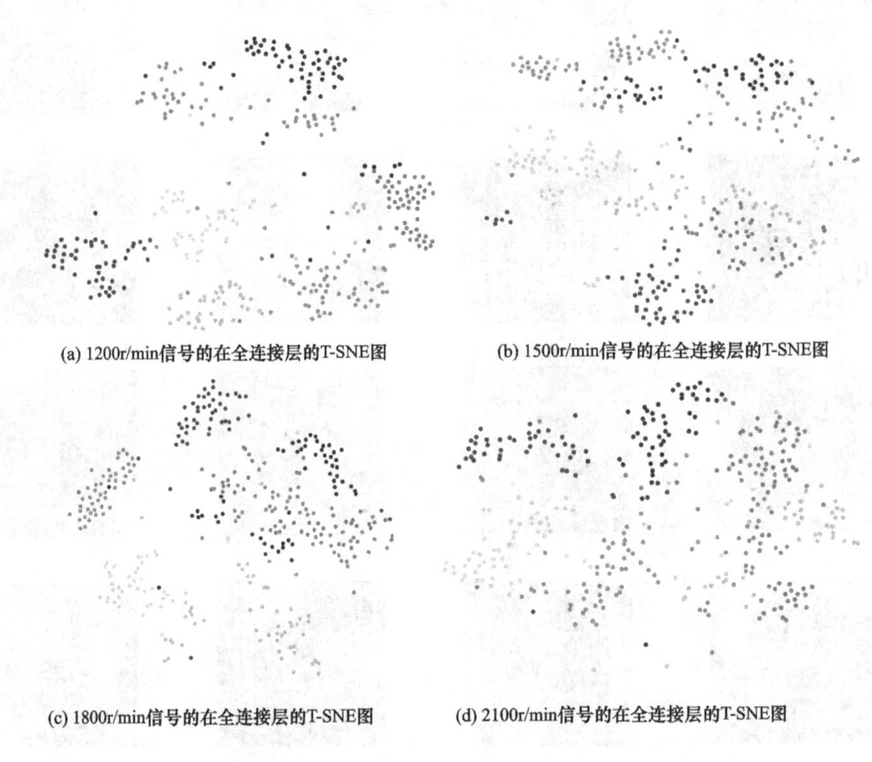

(a) 1200r/min信号的在全连接层的T-SNE图
(b) 1500r/min信号的在全连接层的T-SNE图
(c) 1800r/min信号的在全连接层的T-SNE图
(d) 2100r/min信号的在全连接层的T-SNE图

图 5-8　不同转速信号在全连接层的 T-SNE 图

由图 5-8 可知，随着转速的升高，T-SNE 图的聚类效果变差，各故障类型之间的交叉情况也增多，相对应的故障识别精度也降低。

5.3　基于最优感知野的卷积核尺度优化研究

由 5.1.2 节的实验可知，当选取的初始最优卷积核不改变时，改变信号的采样频率与转速都会导致 CNN 识别率降低。这是由于采样频率与转速的改变，会导致振动信号与最优卷积核的匹配性下降，使得 CNN 的局部感知野提取到的特征难以明显地体现出故障问题，识别率也自然降低。因此，为了保证模型识别精度的稳定性，对信号与卷积核尺度进行匹配性优化研究。

综合前面实验得到的结果可以了解到，要想快速、准确地识别故障，就必须找出最优卷积核大小与故障信号参数之间的关系。因此，需要从输入信号中分析出局部感知野与采样频率以及局部感知野与转速的关系。

图 5-9 左半部描绘了不同采样频率的振动信号，右半部表示相同卷积核对应不同采样频率的局部感知野。因此，由图 5-9 可知，采样频率越高，相同卷积核尺度的局部感知范围越小；反之，若要观测到相同的局部感知范围，采样频率越高，卷积核尺度应该增大，即卷积核尺度应正比于采样频率。

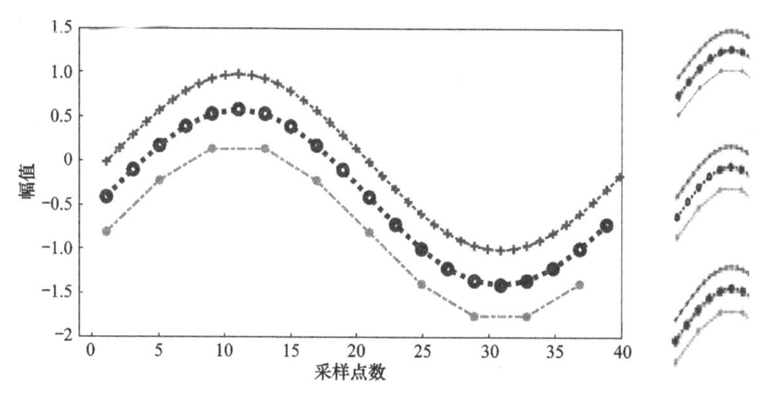

图 5-9　不同采样频率振动信号

图 5-10 左半部描绘了不同转速的振动信号，右半部表示相同卷积核对应不同转速信号的局部感知野。因此，由图 5-10 可知，转速越高，相同卷积核的局部感知范围越大；反之，若要观测到相同的局部感知范围，转速越高，卷积核尺度应该降低，即卷积核尺度应反比于转速。

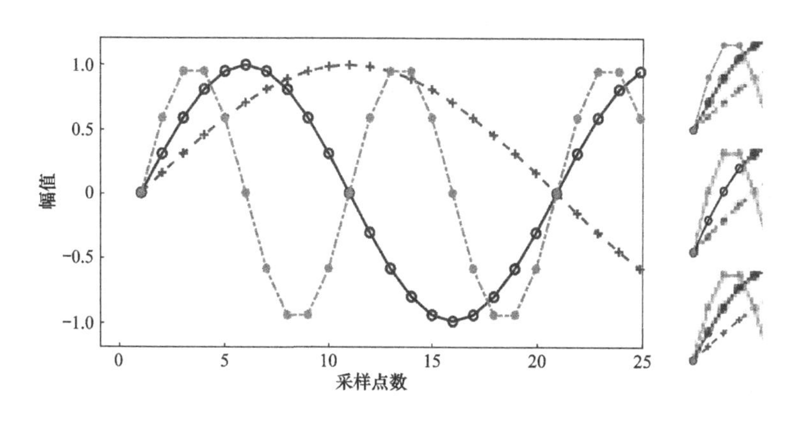

图 5-10　不同转速振动信号

由实验分析得到的卷积核尺度与故障信号参数之间的关系，可以推算出最优卷积核的计算公式为

$$M = a \times \frac{f_s}{n} \tag{5-1}$$

式中：M 代表最优卷积核大小；a 代表比例系数；f_s 代表振动信号的采样频率；n 代表旋转设备转速。

式（5-1）表示了旋转设备故障信号与 CNN 卷积核（局部感知野）之间的最优关系式。

5.4 实验研究

通过 5.3 节研究可知，在最优感知野的基础上，提高信号与卷积和尺度的匹配性可以提高模型识别精度的稳定性。为了提高各采样频率的信号与最优卷积核尺度的匹配性，对各采样频率的信号进行下采样，进而将下采样后的数据作为 1D-CNN 的识别对象。

根据 5.2.2 节的实验可以得到最优匹配结果为 $M=1\times8$，$f_s=2000$Hz，$n=1200$r/min。将其代入式（5-1）可得：$a=4.8$。因此，可以得到匹配性公式为

$$8 = 4.8 \times \frac{f_s}{n} \tag{5-2}$$

对 5.3 节中的样本进行实验研究，即选取 $f_s=2000$Hz、4000Hz、8000Hz、16000Hz、32000Hz，$n=1200$r/min 的数据作为样本，根据式（5-2）对不同采样频率振动信号进行匹配性处理。即将 $f_s=4000$Hz、8000Hz、16000Hz、32000Hz 的信号进行下采样，使之下采样后的采样频率为 2000Hz。

基于建立的 1D-CDD 模型，对下采样后的振动数据进行状态识别实验研究，得到的结果见表 5-9。

将表 5-9 与表 5-6 对比可知，各采样频率信号经过下采样之后，识别精度都明显提高。这是由于各采样频率信号经过下采样之后，与最优卷积核尺度的匹配性提高了，使得 CNN 模型对于这些信号的区分与识别变得轻松，识别率得到了提高。

表 5-9　　不同采样频率振动信号故障识别率对比（下采样之后）

转速-采样频率	平均识别准确率/%	标准差
1200r/min-2000Hz	96.3	0.034
1200r/min-4000Hz→2000Hz	93.5	0.058
1200r/min-8000Hz→2000Hz	93.2	0.022
1200r/min-16000Hz→2000Hz	91.8	0.036
1200r/min-32000Hz→2000Hz	91.3	0.089

为了更加形象地体现出 CNN 的分类情况，对全连接层处的分类结果进行了 T-SNE 可视化，如图 5-11 所示。

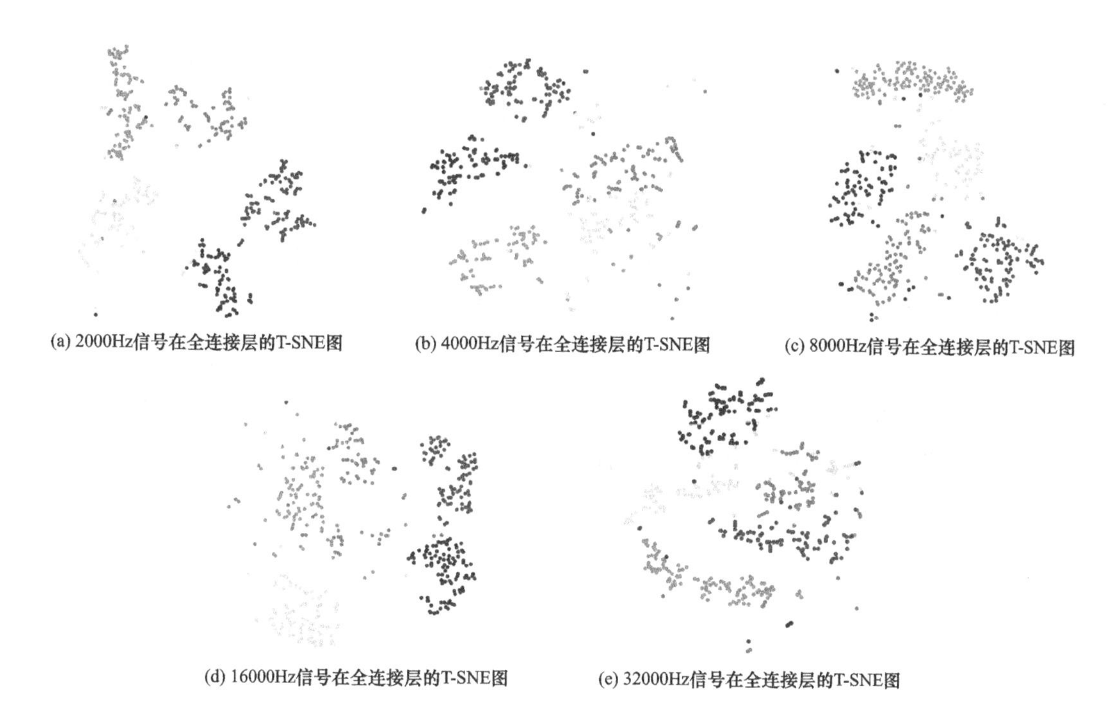

图 5-11 信号下采样后在全连接层的 t-SNE 图

图 5-11 是下采样之后各采样频率的信号在全连接层的 t-SNE 图，与图 5-8 对比之后发现，4000Hz、8000Hz、16000Hz 和 32000Hz 信号的聚类情况都更加明显，交叉情况也比没有优化之前少了很多。

实际工程中，设备转速是根据现场需求设定的，而采样频率是可控或可调的。那么，对于不同转速状态下的状态识别，需要根据式（5-2）作为计算基准，计算对应转速下所需的采样频率，并以此采样频率对振动信号进行数字采集，或者通过调整采样频率的方式，使卷积核与信号达到最佳匹配状态。分别研究 $n=1200\text{r/min}$、1500r/min、1800r/min、2100r/min 工况下的实验样本，通过式（5-2）可计算出对应的采样频率分别为 $f_s=2000\text{Hz}$、2500Hz、3000Hz、3500Hz。在此基础上，基于识别模型对信号进行状态识别实验研究，结果如表 5-10 所示。

表 5-10 不同转速振动信号故障识别率对比

转速-采样频率	平均识别准确率/%	标准差
1200r/min-2000Hz	96.3	0.034
1500r/min-2500Hz	96.7	0.027
1800r/min-3000Hz	97.4	0.046
2100r/min-3500Hz	98	0.013

将表5-10与表5-8对比可知，对信号进行匹配性优化之后，故障识别率有明显的提升，2100r/min-3500Hz的信号识别精度达到了98%。同时，为了更直观地了解到CNN的故障分类情况，于是作出各转速对应的t-SNE图，如图5-12所示。

将图5-12与图5-8对比之后发现，各信号的聚类情况都更加明显，交叉情况也比没有优化之前少了很多，精度也有了明显的提升。实验结果表明利用式（5-2）通过调整振动信号的采样频率，使卷积核尺度与振动信号达到最佳匹配状态，可以有效地提高CNN的识别精度。

由实验结果可知，通过最优卷积核计算公式来优化CNN模型，不仅能有效地提高故障识别率，而且能够避免普遍方法中依靠增加卷积层深度、增大卷积核大小与前期信号预处理的方式来提高识别率。

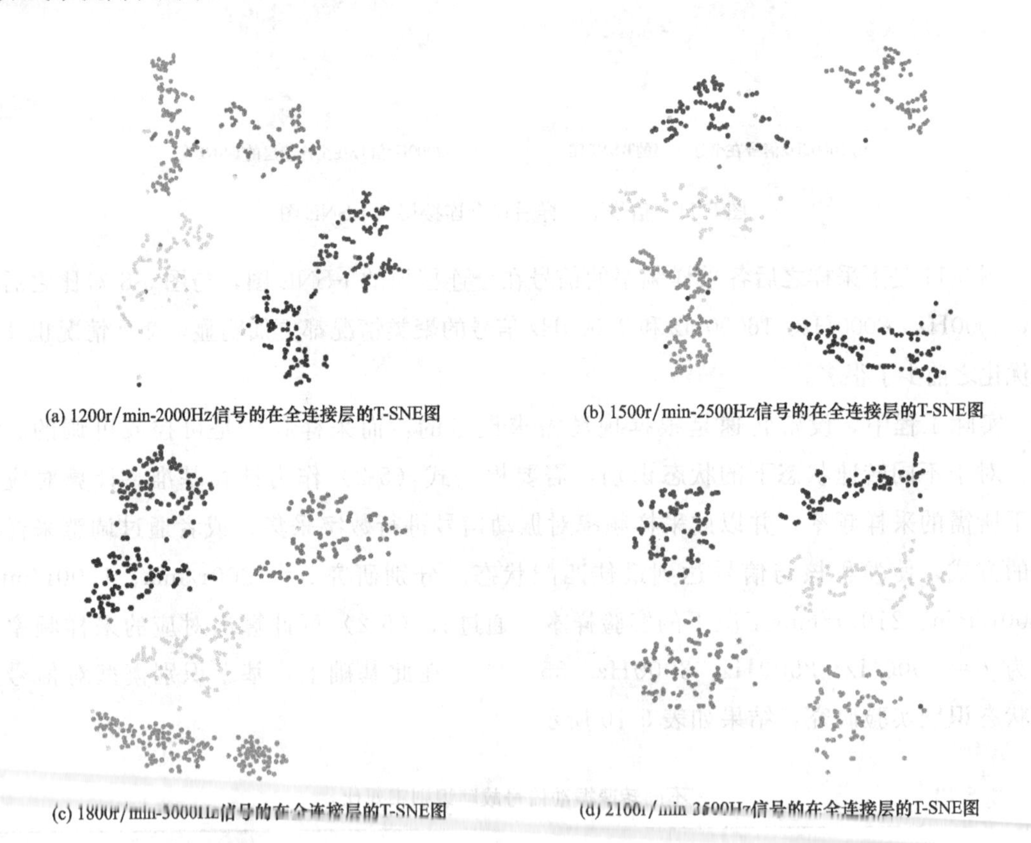

图5-12　卷积核优化后全连接层的t-SNE图

5.5　小　　结

通过研究旋转机械的振动信号与卷积神经网络卷积核的尺度匹配性，得到了以下结论：

（1）将平行齿轮相同采样频率、同转速的振动信号当作输入，选用不同卷积核大小的

1D-CNN 进行故障识别，实验结果表明选择 C1、C2 为 1×8，C4、C5 为 1×6 的卷积核，1D-CNN 对于振动信号的故障识别精度最高，识别精度能达到 96.3%。这也证明了卷积核大小与振动信号的识别率存在匹配性关系。

（2）通过比较最优卷积核对不同振动信号（不同采样频率、同转速信号，相同采样频率、不同转速信号）进行故障识别，可得出通过调整振动信号与卷积核尺度的匹配性，能够有效地提高故障识别的精度。

（3）通过实验推出了最优卷积核尺度公式 $M=4.8\times f_s/n$。并进行了验证性实验，试验结果表明最优卷积核尺度公式能提高 1D-CNN 模型与振动信号的匹配性，降低 1D-CNN 模型的复杂度，加快 1D-CNN 的计算，并且能有效地提高 1D-CNN 的识别率。

第 6 章

基于融合特征深度学习的振动状态识别

在对实际设备的状态监测和故障诊断中，其系统结构和功能往往较为复杂，仅借助单一振动传感器提供的信息难以全面反映设备状态，且存在干扰和不确定性，这会对振动故障诊断精度产生影响。为了全面、实时地监测设备状态，提高故障诊断精度，可通过系统的多类同构或异构传感器获得信息，从而得到比单一传感器更加准确、完备的信息[37]；再利用多传感器信息融合技术使多个传感器的冗余和互补信息融合，以消除信息的冲突部分和不确定性，进而准确提取振动信号的特征，提高诊断精度和可靠性[38]。

目前，随着多传感器信息融合技术的发展，产生了很多融合算法，广泛应用的有 D-S 证据理论、贝叶斯方法、模糊理论等[39,40]。但这些算法依旧存在着一定的局限性，例如 D-S 证据理论的计算量随信息源数增加成指数增长，且要求合并证据相互独立；贝叶斯方法中获得先验概率较为困难。

为了利用信息融合获得更全面的故障信息，提高故障诊断精度，提出基于融合特征深度学习的状态识别方法。CNN 作为融合算法对多个振动信号的特征进行融合学习，并在此基础上提出了多向量输入方式的多向量深度卷积神经网络方法（multi-vector convolution neural network，MV-CNN）。

多向量深度卷积神经网络方法首先研究了振动信号的多特征信息融合，将多个振动传感器采集的数据进行 HVD 分解，提取分解得到的 IMF 作为特征，将其组成由多个 IMF 融合的特征信息矩阵，作为深度学习模型的学习对象；然后，研究、提出了用于融合特征学习的 MV-CNN 方法，并建立了基于 MV-CNN 融合特征深度学习的状态识别模型；在此基础上，基于 Bently RK-4 转子试验台实验数据完成了 MV-CNN 识别模型的训练，并基于测试样本集对 MV-CNN 识别模型的精度进行了实验研究，结果显示 MV-CNN 状态识别模型精度达到了 97%。

6.1 基于融合特征深度学习的状态识别方法

为了进一步提高诊断效果，针对振动信号识别问题，通过信息融合的方法，为深度学习模型提供更完备的学习信息。

通过相关理论可知，各测点振动信息相对于单一测点信息，可以反映出设备更加全面的振动信息；另外，对于振动信号问题，其中包含的各阶模态信息则能够提供相对深入的特征信息，提高故障定位效率。因此，提出基于本征模态函数 IMF 的信息融合学习方法，该方法将多个传感器的振动信号进行 HVD 分解，分别提取其 IMF 融合特征信息矩阵作为深度学习模型的输入，并基于深度学习模型进行故障特征提取，进而实现对振动信号的状态识别，其诊断方法流程如图 6-1 所示。

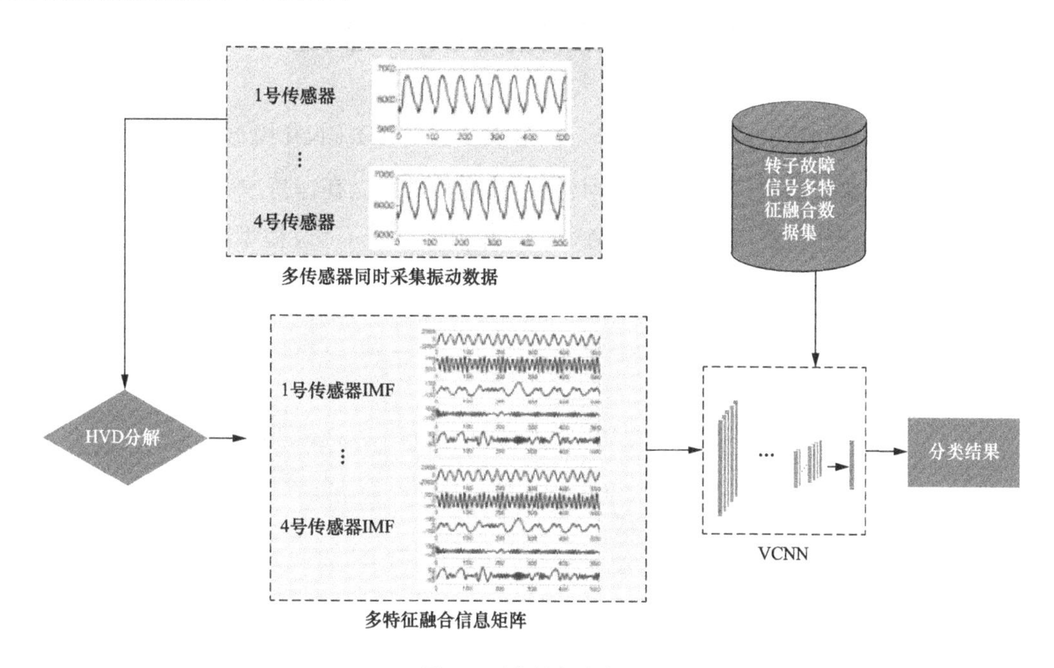

图 6-1　诊断方法流程

具体步骤如下：

(1) 通过实验获取不同运行状态下的 N 组样本数据，每组样本数据分别测量获取同一时间段 L 个测点的振动数据，振动数据长度设置为 n；

(2) 分别对 L 个测点的振动数据的 IMF 分量，即基于 HVD 方法对各测点信号进行 HVD 分解，得到其对应 IMF 分量特征，对于测点 j 取其分解后的前 m 阶模态分量 c^j，则

$$c^j = \{c_1^j, c_2^j, \cdots, c_m^j\}$$

通过研究，前 5 阶 IMF 分量足以反映振动信号的特征，故取 $m=5$。

(3) 由各测点 c^j 顺序排列组成 $[n, L\times m]$ 组成融合特征矩阵 T，则

$$T = \begin{bmatrix} c_{1,1}^1 & c_{2,1}^1 & \cdots & c_{m,1}^1 & \cdots & c_{m,1}^L \\ c_{1,2}^1 & c_{2,2}^1 & \cdots & c_{m,2}^1 & \cdots & c_{m,2}^L \\ \vdots & \vdots & & \vdots & & \vdots \\ c_{1,n}^1 & c_{2,n}^1 & \cdots & c_{m,n}^1 & \cdots & c_{m,n}^L \end{bmatrix}^T$$

(4) 将各状态下样本数据相应的融合特征矩阵 T 作为识别对象，即作为深度学习模型输入层，通过卷积和下采样操作学习数据特征信息，见图 6-2。

(5) 通过深度学习模型对数据集进行学习训练，最终得到基于融合特征深度学习的状态识别模型。

(6) 对于测试样本，按照步骤 (3) 形成待测样本融合特征矩阵，基于步骤 (5) 的识别模型实现待测样本状态识别。

6.2 多特征向量卷积神经网络

为了实现多特征向量的同时输入、学习的形式，需对 1D-CNN 模型的输入层进行改进，本节重点对多特征学习的模型结构、卷积计算方法进行研究。在保持原 1D-CNN 方法特性的同时，提出了适用于多特征向量输入的 MV-CNN 模型，MV-CNN 模型结构如图 6-2 所示。

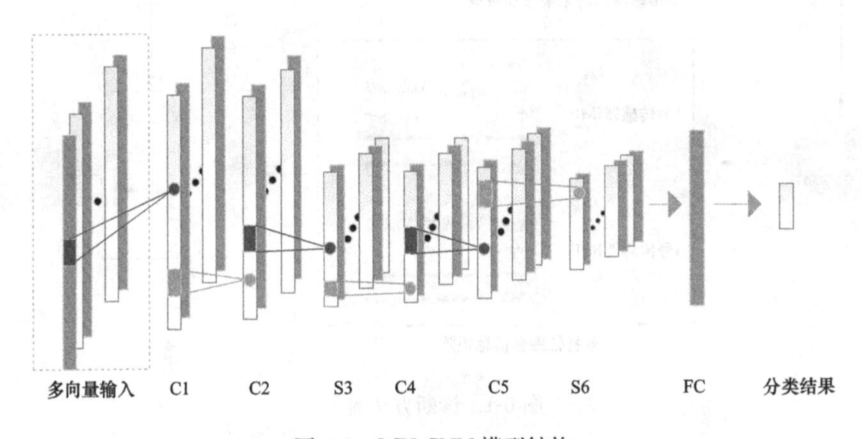

图 6-2 MV-CNN 模型结构

MV-CNN 模型最重要的特征是其多向量的输入形式，原始信号经过 HVD 分解之后为多个 IMF，这些 IMF 是以一维向量形式存在的。如果直接将这些一维向量形式的 IMF 组合成为一个如图 6-3 所示的二维矩阵，则会强行给 IMF 提供一个空间位置特征。同时，这种情况下 CNN 对输入二维矩阵的卷积计算都是发生在卷积核视窗中（见图 6-3），会强行将多个 IMF 的局部数据整合在一起进行特征提取，而实际上特征是相互独立的体现在不同的 IMF 中的。

因此，MV-CNN 模型将多个一维向量形式的 IMF 分别放到不同的通道进行输入，在多向量输入方式下多个 IMF 之间相互独立进行局部的卷积计算。如图 6-4 所示，MV-CNN 模型深度特征学习过程使用 n 层深度的卷积核，同时又通过权重相互连接进行输出，这相对于在输出层就增加了模型的“深度”，在保证各个 IMF 相对独立的情况下，又能将多个 IMF 作为整体进行学习，得到信号的故障特征。

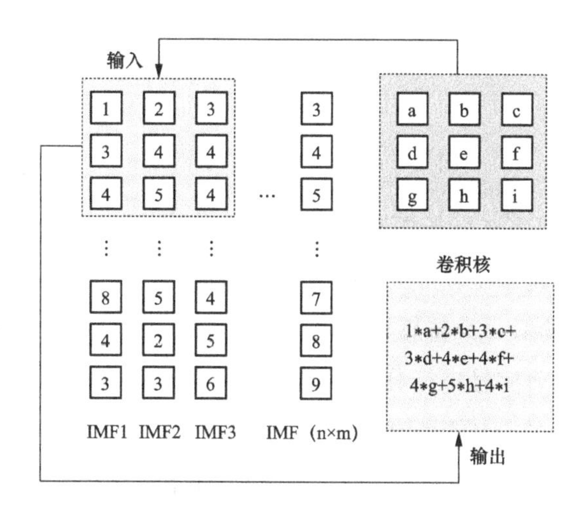

图 6-3 二维矩阵卷积计算

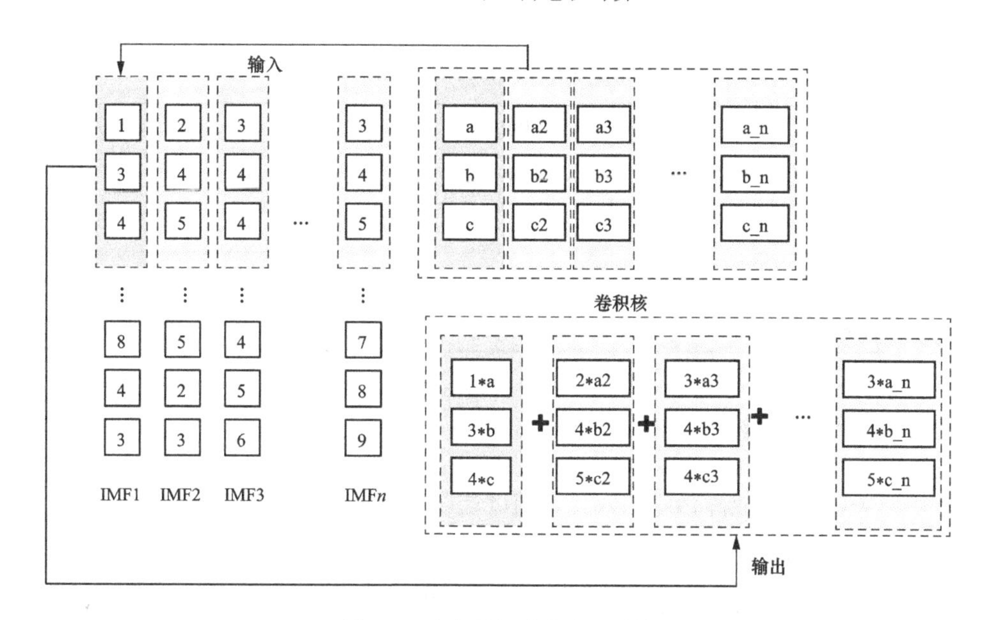

图 6-4 多向量矩阵的卷积计算

图 6-3 和图 6-4 的卷积计算还有另一不同点，即二维矩阵的卷积核是在二维平面上移动并遍历所有输入的，而多向量矩阵的卷积核移动是在一维向量方向上逐一移动的，这就保证了特征提取相对独立发生在每个 IMF 上。

最终，建立了多向量输入的 MV-CNN 模型，该模型网络结构参考了 5.2 节所建立的 1D-CNN 模型，但由于多向量的输入方式增加了输入层的深度，所以 MV-CNN 的卷积深度相对第 5 章 1D-CNN 会更“深”，这就需要进一步通过实验在模型深度上寻求最优的参数。

6.3 实验研究

6.3.1 样本获取

采用 2.2.3 中 Bently RK-4 转子振动实验台进行模拟故障实验，分别对转子质量不平衡、不对中、油膜涡动、动静碰摩 4 种常见故障进行实验模拟，每种故障进行 400 次实验（$N=4\times400=1600$），每次实验取 4 个传感器同时采集到的数据作为一组并标记故障类型（$L=4$）。利用 HVD 对每组振动信号进行分解，取每个传感器采集的振动信号分解后的前 5 阶 IMF 作为特征（$m=5$），在一组信号中共有 4 个传感器同时采集的振动信号，经过分解后就产生了 4×5 个一维 IMF，将这些 IMF 作为一组分类样本并标记，将获得如表 6-1 所示的数据集。

表 6-1　转子故障信号多特征融合数据集

样本类型	样本尺寸	样本数量/组
不平衡	20×1×512	400
不对中	20×1×512	400
油膜涡动	20×1×512	400
碰摩	20×1×512	400

6.3.2 MV-CNN 结构研究

为研究 MV-CNN 对故障诊断的效果，随机选取 4.2 节的数据集中的 300×4 组为训练样本，100×4 组为测试样本对 MV-CNN 进行训练。为了实时监测模型的训练效果，采用测试集分类的准确率指标反映故障诊断的效果。将以 5.2 节 1D-CNN 为基础设计 MV-CNN，并针对 MV-CNN 模型深度参数进行重点优化。MV-CNN 模型基本结构如图 6-5 所示。

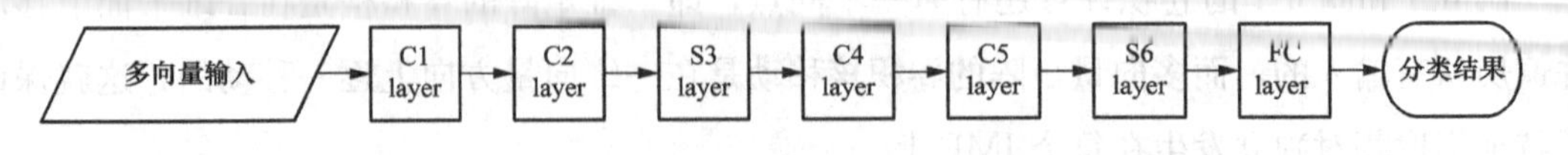

图 6-5　MV-CNN 模型基本结构

图 6-5 中 C layer 为卷积层，S layer 为最大池化层，FC layer 为全连接层。该结构参考了 5.1 节 1D-CNN 模型，但由于其多向量的输入形式，因此这里针对模型深度的参数进行实验，选择最优的结构，训练结果与过程见表 6-2、图 6-6。

表 6-2 卷积层深度对识别率的影响

卷积层深度（卷积核大小 1×3）(C1，C2，C4，C5)	训练最高准确率/%
20，32，64，128	93.25
32，64，96，128	97.50
48，96，128，192	96.75
64，128，192，256	96.25

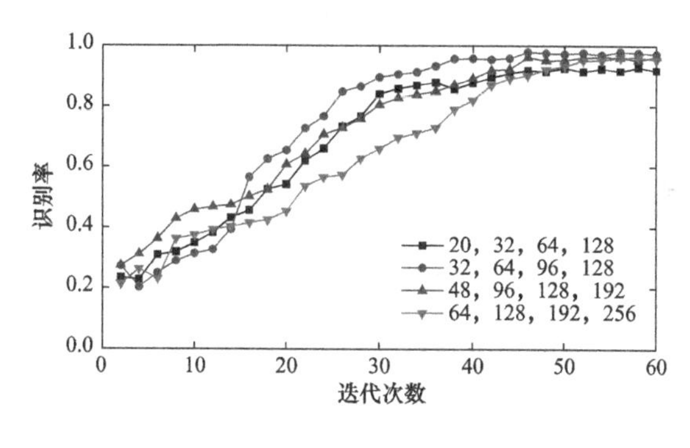

图 6-6 MV-CNN 训练过程

根据实验结果可知，卷积层的深度中只要 C1 层大于输入层的深度，那么训练的准确率就相对稳定，单纯的增加模型的深度不能明显提高 MV-CNN 的识别准确率，因此为了保证运算的速度，这里选取了（32，64，96，128）这样一组卷积层深度作为 MV-CNN 模型结构参数。最终确认的 MV-CNN 模型结构如表 6-3 所示。

表 6-3 MV-CNN 模型结构

网络层	卷积核（高×宽）/步长	输出（深度×高×宽）
输入		20×1×512
C1	1×3/1	32×1×510
C2	1×3/1	64×1×508
S3（max）	1×2/2	64×1×254
C4	1×3/1	96×1×252
C5	1×3/1	128×1×250
S6（max）	1×2/2	128×1×125
FC		128
输出		4

相比于一种经典的 CNN 结构（LeNet-5 模型），MV-CNN 更加重视模型的深度，因此通过使用更小的卷积滤波器，增加更多的卷积层来增加模型的深度。根据 Karen Simonya 的

研究，两个卷积核为 3×3 的卷积层连续使用，相当于 5×5 卷积核的感知野，但由于 MV-CNN 模型输入的是多个一维向量，卷积核的高度只能为 1，所以 MV-CNN 模型均采用 1×3 卷积核，通过多个卷积层的叠加使得模型拥有较大的感知野。

MV-CNN 的批训练样本数量设置为 4，学习率设置为 10^{-2}，学习率为 0.01。采用随机初始化程序对权重进行初始化。输出训练时模型识别测试集的结果，如图 6-7 所示。

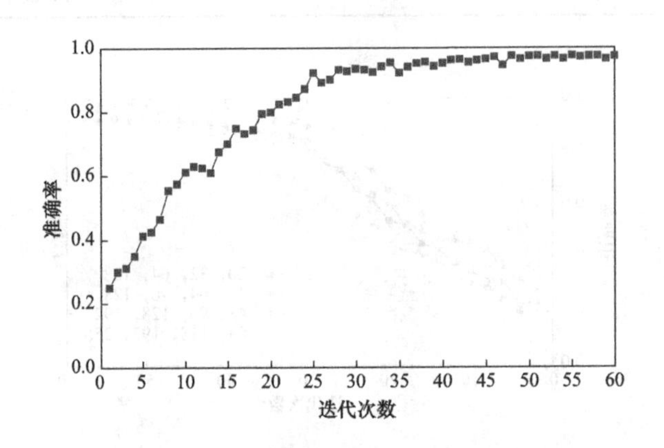

图 6-7　MV-CNN 训练过程中测试集准确率变化

随着训练的进行，MV-CNN 对融合信号矩阵的识别率在 96.75%～97.75%之间波动。同样，为了验证训练后的模型能够独立识别故障样本，提取第 50 次迭代时 VCNN 的模型权重建立故障诊断模型，随机选择一组故障数据，利用 MV-CNN 模型进行分类，输出测试结果与全连接层数据，如图 6-8 所示。

根据实验验证，训练后的 MV-CNN 模型能够独立地对振动信号的多融合特征矩阵进行识别，为了进一步分析 HVD 和信息融合技术是如何对深度学习过程产生影响的，这里使用深度学习中常用的 T-SNE 工具对 1 号传感器采集的原始振动信号、多特征融合信息矩阵以及 VCNN 全连接层进行降维并可视化，如图 6-9 所示。

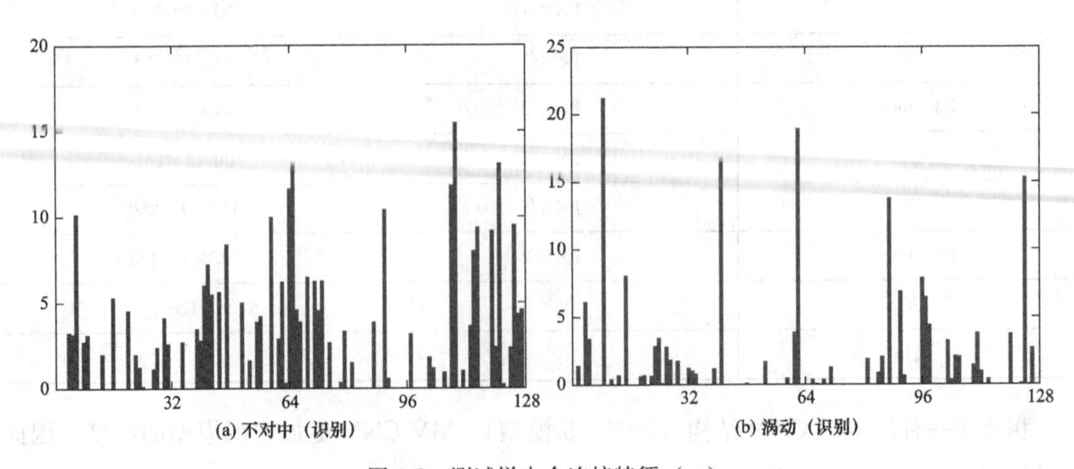

图 6-8　测试样本全连接特征（一）

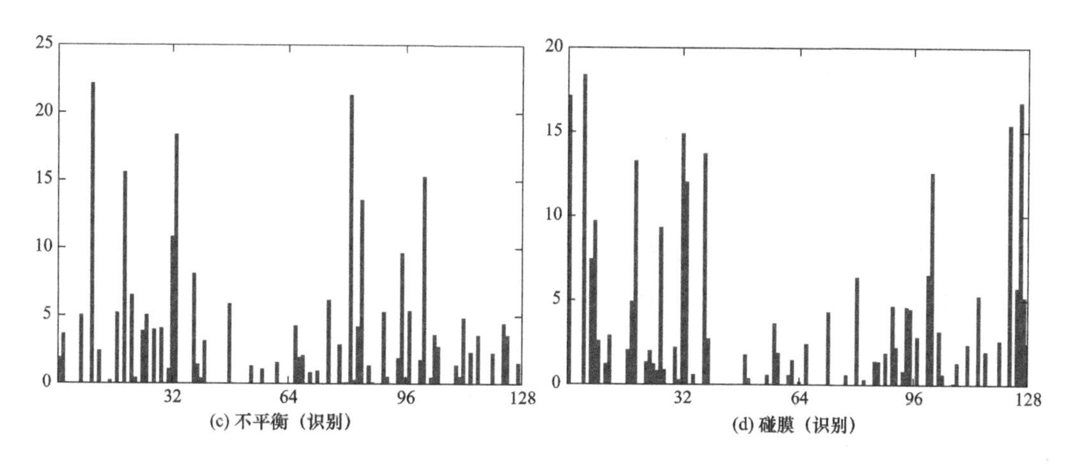

图 6-8　测试样本全连接特征（二）

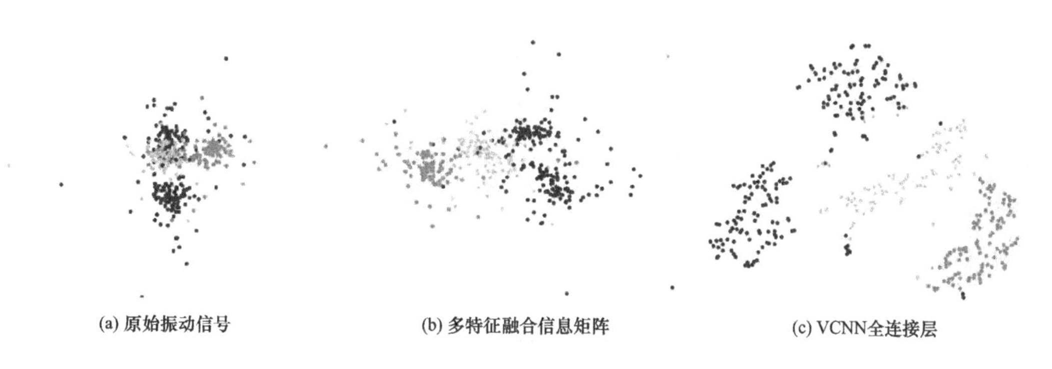

图 6-9　MV-CNN 不同层级信号可视化表示

如图 6-9 所示，虽然多特征融合信息矩阵的数据更为复杂，但经过降维后，与原始振动信号相比已经有一些更清晰的分类趋势，这证明了振动信号经过解调和信息融合后得到的矩阵是更有利深度学习模型进一步学习并识别的。而经过 MV-CNN 处理后，多特征信息矩阵最终被映射到全连接层，全连接层已经展示出了清晰的分类特征，这证明了 MV-CNN 对振动信号具有识别能力。

为了解 MV-CNN 对不同故障信号的处理效果，输出 MV-CNN 测试集不同故障的处理结果，见表 6-4。

表 6-4　　MV-CNN 识别混淆结果

真实类别 / 识别类别	诊断结果			
	不平衡	不对中	油膜涡动	碰摩
不平衡	99	0	0	1
不对中	1	96	1	2
油膜涡动	0	0	98	2
碰摩	3	1	0	96

6.3.3 对比研究

为了对比基于MV-CNN多特征融合学习的振动状态识别方法相对于其他方法的性能优势，选取其他三种方法作为对比。

方法1，基于EMD-SVM的故障诊断方法。该方法首先将振动信号利用EMD分解以获得IMF分量，选择前8个IMF分量作为特征向量，利用SVM对样本进行训练，当训练完成后使用模型进行故障诊断。

方法2，基于HVD-SVM的故障诊断方法。该方法首先利用HVD将信号进行分解，选择获得的前5个IMF分量作为特征向量，利用SVM对样本进行训练，当训练完成后使用模型进行故障诊断。

方法3，基于EMD样本熵-BP神经网络的故障诊断方法。该方法将诊断信号进行EMD分解，使用分解后的IMF求得样本熵，将多个IMF样本熵作为特征向量，使用BP神经网络进行特征学习，当训练完成后使用BP神经网络进行故障诊断。

对MV-CNN和以上3种诊断方法进行对比，诊断样本选择6.3.1所述实验数据，结果见表6-5。

表6-5　与其他机器学习方法对比

诊断算法	识别率/%
EMD-SVM	92.5
HVD-SVM	95.5
EMD样本熵-BP神经网络	92
VCNN	97

通过实验可知本书提出的基于MV-CNN多特征融合学习的振动状态识别方法相对其他机器学习方法诊断的精度更高，具有可行性。同时，该方法融合了由多个传感器获得的特征，是一种智能的多特征融合诊断方法。

6.4 小　结

为了提高深度学习模型对振动状态的识别准确率，本章通过信息融合方式提高深度学习模型的学习效率。通过本章研究，提出了基于融合特征深度学习的状态识别方法，研究了振动信号的多特征融合及多特征融合学习的MV-CNN深度学习模型，最终建立了基于MV-CNN融合特征学习的振动状态识别模型。

该方法通过引入HVD和多特征信号融合技术，原始振动信号被转化为多特征融合信息矩阵。融合信号矩阵包含了多个传感器的特征信息，同时提取各测点振动信号的 IMF 时频信息作为学习对象，因此 MV-CNN 模型可自动提取有利于对故障进行分类的特征，使多个传感器采集的信息能够冗余和互补，避免通过人工选取故障特征时造成的主观性和不确定性。通过机器学习中常用的 t-SNE 工具对信息矩阵进行处理，可视化地展示了多特征信息融合矩阵能更好地反映故障的分类特征，降低 MV-CNN 深度学习难度，提高了识别精度，达到了 96％以上。

第 7 章

基于全局-局部特征深度学习的振动状态识别

在处理图像问题中，CNN 的局部感知野、权值共享等特点是为了更好地从图像中提取到分类特征而设计的[42]。以图 7-1 为例，CNN 在处理该图像时，其卷积核会在该图像矩阵上移动，当卷积核扫过某些局部如眼睛、耳朵、嘴巴等，这些局部轮廓特征可以作为判断该图像的种类的依据。因此，这种局部感知野很适合于计算机从图像中学习特征与分类。

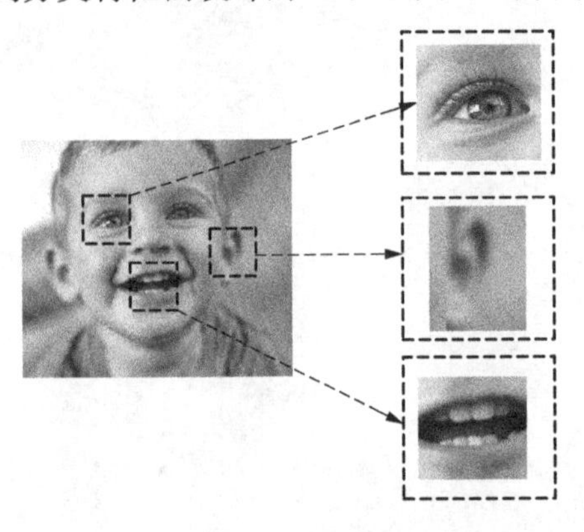

图 7-1　图像的局部特征学习

在第 5、6 章研究中，同样利用的 CNN 卷积操作对局部特征学习的优势对一维振动信号建立识别模型，并在此基础上提出了卷积核优化方法及融合特征深度学习方法，从而提高 CNN 对振动信号特征的学习效果，最终取得了较高的识别精度。然而，在处理振动信号的一维向量时，单纯的卷积操作提取局部特征却不一定能反映出所有振动特征信息，即忽略了信号的全局特征，这影响了模型的梯度下降，也增加了模型识别故障的难度。

针对这些问题，本章基于 CNN 结构建立了一种用于全局与局部特征学习的深度学习方法——前置全连接深度网络（fully connected vector deep neural network，FV-DNN）。该算法通过引入全连接神经网络，提取一维信号的全局特征，进而再进行卷积、池化等操作提取其局部特征，实现全局-局部特征的深度学习。在此基础上，提出了基于 FV-DNN 的振动状态识别方法，建立识别模型并进行了实验研究。由于全连接神经网络能够整合一维向量的全局特征与局部特征，并根据模型学习过程自适应地增强信号分类特征，因此，本书提出的基于 FV-DNN 的振动状态识别模型识别精度达到了 97%，实现了振动状态的高精度识别。

7.1　前置全连接深度神经网络方法

通过研究发现，在处理一维振动信号问题时，其卷积核也会在一维向量上移动，如图 7-2

所示，但是此时 CNN 感受的局部特征是很难直接反映出信号的故障特征的。

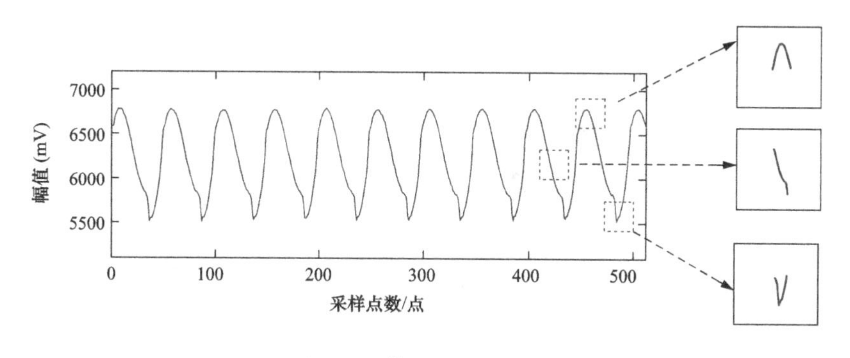

图 7-2　信号的局部特征

为了避免 CNN 仅仅学习到信号的局部特征，可以通过多个卷积层叠加并使用大尺度卷积核获得更大范围的感知野，进而使得模型学习到范围很大的局部特征，如图 7-3 所示。但这种方式使得卷积层叠加过深，具有梯度下降困难、计算量大等缺点。

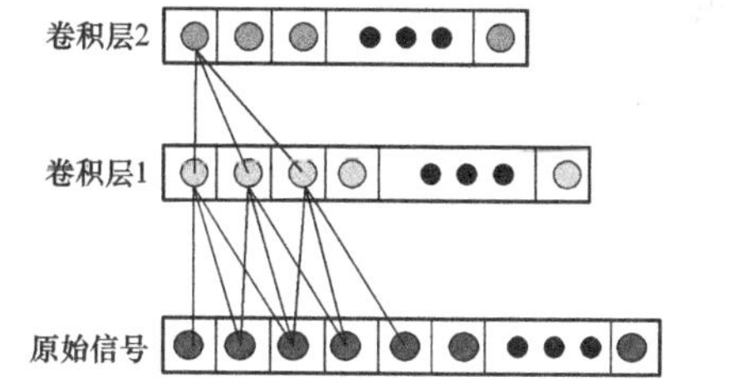

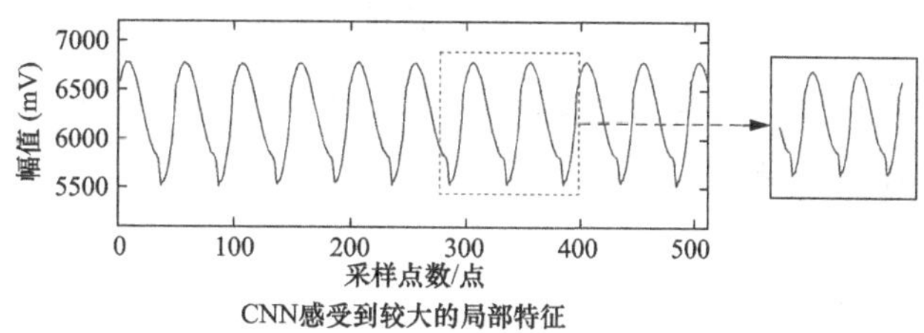

图 7-3　通过多层卷积扩大感知野

通过对信号处理方法进行研究发现，信号处理实际上是将一维信号利用某种数学方法整体映射到另一个或者几个向量中去，在新的向量空间中提取易于识别的状态特征。只是该映射过程需要设定某种数学规则，即“映射核”的设置，从而提取信号在特定特征空间里的特征信息。

借鉴信号处理的思路，在深度学习框架下的振动信号状态识别中，引入全连接对信号进行整体映射，这种映射过程能解决 CNN 在面对一维振动信号时感知野不足的问题，且该方式下的“映射核”不需要事先设定，而是通过深度学习的反向传播自适应地寻找映射核，从而获得最能在模型中反映故障特征的规则。

因此，本章将这种映射融合到深度学习过程中，提出了 FV-DNN 深度学习模型，FV-DNN 模型结构如图 7-4 所示。FV-DNN 和其他形式的神经网络最大的区别在于，它是以一维振动信号作为对象，通过全连接神经网络和卷积层提取信号的全局和局部特征，最终完成振动信号的分类识别任务。

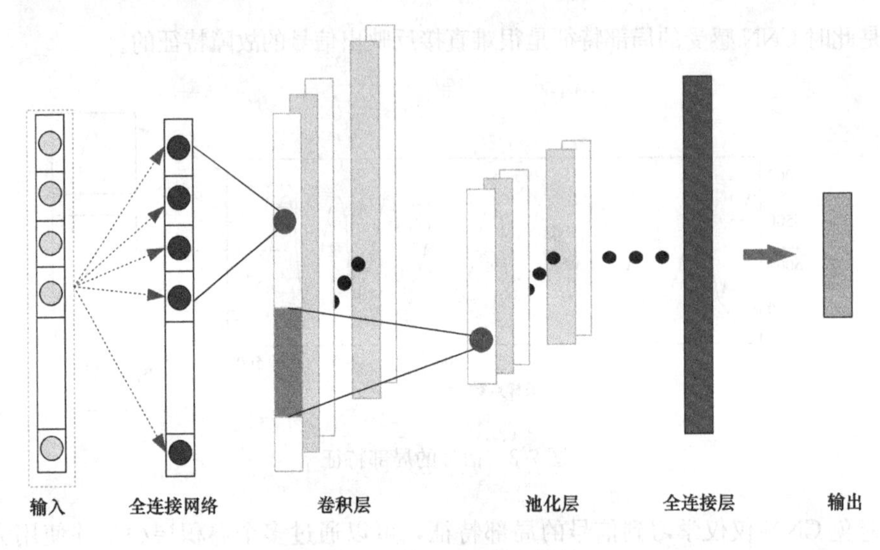

图 7-4　FV-DNN 模型结构

如图 7-4 所示，FV-DNN 相对经典的 CNN 结构，其主要创新点在于引入了前置的全连接神经层，实现了全局与局部特征的融合学习。这些新的操作本质上是模仿信号解调技术的逻辑，将一维信号通过前置全连接神经网络映射到一列新的向量中去，从而提取出反应信号整体的全局特征。

7.1.1　前置全连接层

在利用深度学习技术进行识别时，需要把振动信号作为学习对象进行输入。这时为了使样本含有足够多的信息以完成识别任务，输入长度一般都是 1×512、1×1024、1×10000 等。其中蕴含的故障特征信息并不是集中分布在某些较短的区域内，而是一种整体的特征。这就需要一种方法提取其全局特征信息，使其不局限于信号的局部特征。

相对于深度学习框架下的特征提取，基于信号处理的特征提取方法就是对信号的整体进行特征空间的映射，如 FFT 实现了信号到频谱特征的映射。但此类的信号处理方法的映射机制是根据人的主观需求（需要得到频率特征）预先设定的，无法随着模型的训练寻求最优的参数。对于深度学习方法来说，这种全局特征提取方法会严重影响模型的学习、识别效果。因此，引入全连接神经网络层来实现全局特征的学习。

全连接神经网络层是一种把输入层的任意节点和输出层的所有节点连接起来的网络结构，即输出层的每个节点在进行计算时，激活函数的输入是输入层所有节点的加权。全连接结构如图 7-5 所示。

在 FV-DNN 中，将这种全连接结构置于深度学习模型的最前端，用以直接提取原信号的全局特征，并将提取到的全局特征向后传播进行进一步局部特征的学习。因此，称该结构为前置全连接层。全连接神经网络结构如图 7-6 所示。

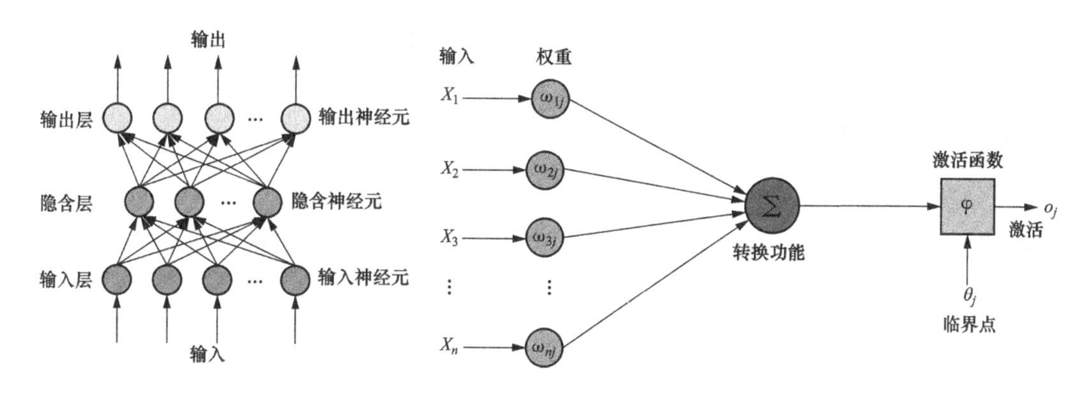

图 7-5 全连接结构

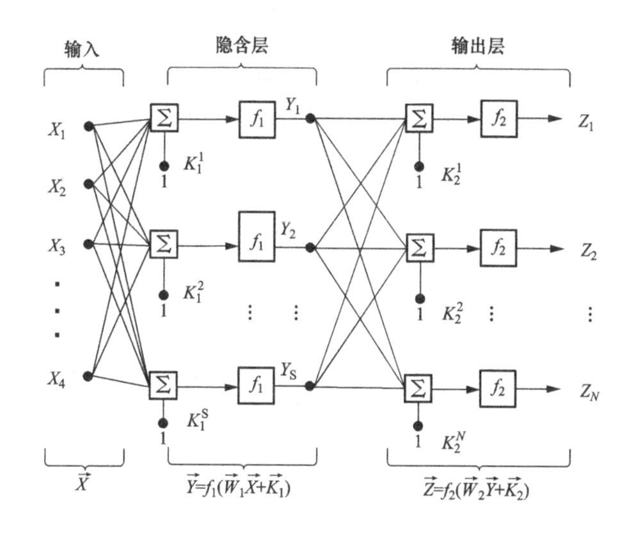

图 7-6 全连接神经网络结构

图 7-6 中，输入为 $1\times n$ 的一维向量 X，隐藏层为 $1\times S$ 的一维向量 Y，对于输出层向量 Z 的计算为

$$\vec{Z}=f_2[\vec{W}_2 f_1(\vec{W}_1\vec{X}+\vec{K}_1)+\vec{K}_2] \tag{7-1}$$

式中：f 为传输函数；W 为权值；K 偏置值。

全连接神经网络的最大特点就是每层神经元和下一层神经元完全相连，神经元之间不存在同层连接，也不存在跨层连接[49]。那么这种连接方式在 FV-DNN 中就是通过权重 W 和偏执值 K 将一列一维向量 X 映射到输出的一维向量 Z 中，而 W 和 K 的值则是随着 FV-DNN 的训练自动地寻求最优。对于深度学习模型 FV-DNN 来说，前置全连接层就相当于传统的信号处理手段，而这种信号处理的“规则”是由深度学习模型以梯度最小为目标通过反向传播自适应的寻优获得。

7.1.2 卷积-池化层

在获得全局特征的基础上，需进一步提取对象的局部特征。FV-DNN 方法通过卷积层提取信号的局部特征，通过下采样层减少模型的计算量，并通过一个全连接层输出特征向量，通过设计分类器最终在输出层得到识别结果。

为了使卷积层能有更大的感知野，均使用了 4 个卷积层的叠加。而在 FV-DNN 中由于引入了前置全连接神经网络获取了全局特征，因此不需要太多卷积层的叠加来扩大感知野，因此，FV-DNN 的基本计算结构如图 7-7 所示。

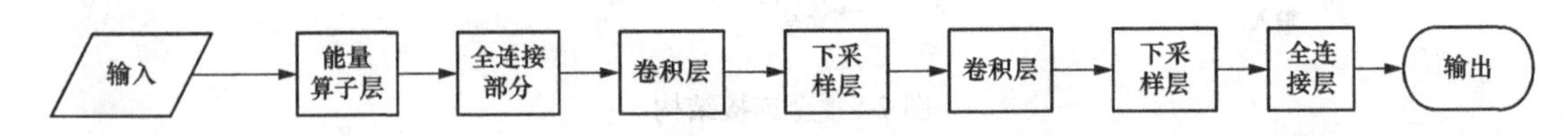

图 7-7 FV-DNN 的基本计算结构

图 7-7 中 FCNN 为全连接神经网络（fully connected neural net），C layer 为卷积层，S layer 为下采样层，FC layer 为全连接层。

由图 7-7 可以看出，FV-DNN 增加全连接神经网络结构，这增加了模型的计算量，但是通过减少卷积层的数目，使得模型的梯度下降更容易，同时降低了结构复杂度以减少计算量[50]。

7.2 基于 FV-DNN 的振动状态识别方法及模型

7.2.1 基于 FV-DNN 的振动状态识别方法

由于 CNN 在处理 IMF 时会因为局部感知野的特点受到限制，因此本书将全连接神经网络引入到深度学习的过程中。FV-DNN 更适应于以振动信号的 IMF 为处理对象进行学习、识别，HVD 方法具有以下优势：

（1）保留原始信号的信息。FV-DNN 所处理的对象都是一维向量形式，利用深度学习模型之间从一维向量中提取特征，完全保留了原始信号的信息。

（2）获得信号的全局-局部特征。FV-DNN 在 CNN 基础上引入前置全连接神经网络，同时获取对象的全局-局部特征信息，使得深度学习模型学习到更全面的状态信息，进而提高状态的识别率。

（3）自适应的学习映射规则。不同于信号处理的特征提取，前置全连接层与卷积-池化层有机结合形成深度学习网络，通过反向传播可以自适应地优化全局特征与局部特征的学习映射规则，这种规则避免了特征提取的主观性，提高了特征学习效果。

在第5、6章研究基础上，提出了基于FV-DNN的振动状态识别方法。基于FV-DNN的诊断方法流程如图7-8所示。

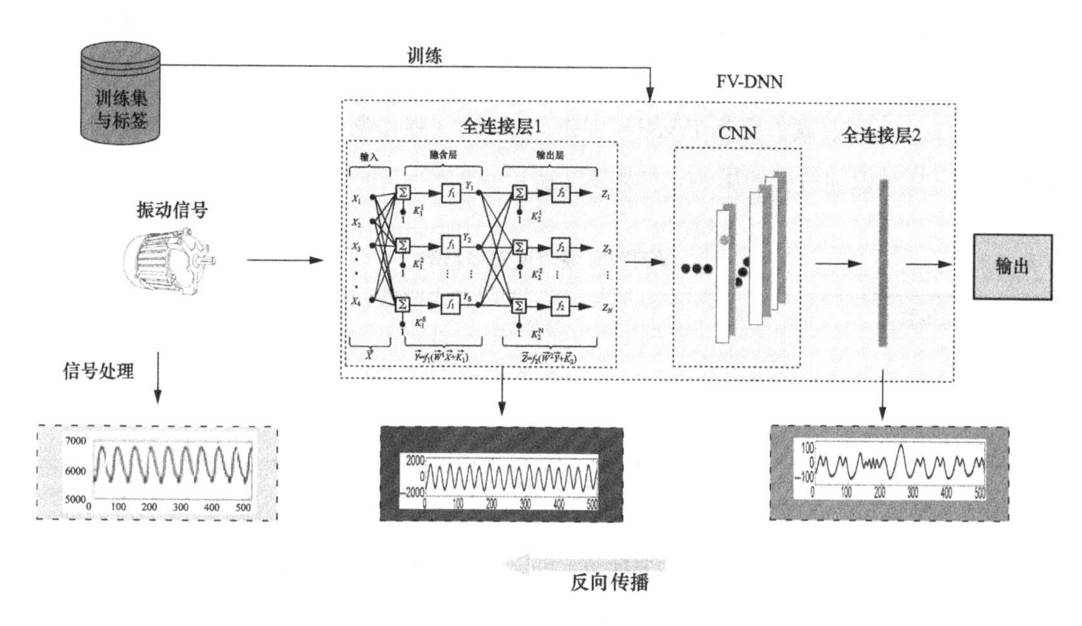

图7-8　基于FV-DNN的诊断方法流程

7.2.2　FV-DNN振动状态识别模型

基于图7-8所示逻辑结构，以转子振动为对象，建立FV-DNN的振动状态识别模型。样本数据通过2.1.3中Bently RK4转子振动实验台实验获得，学习样本数据集见表7-1。

表7-1　　　　学习样本数据集

样本类型	样本尺寸	样本数量/组
不平衡	1×128	200
不对中	1×128	200
油膜涡动	1×128	200
动静碰摩	1×128	200

以表7-1样本为对象（50%作为训练集，50%作为测试集），研究FV-DNN的振动状态识别模型的建立与优化。筛选、设计了基本的FV-DNN网络结构，包括输入层、前置全连接层、2个卷积层、2个池化层、全连接层和输出层。因为在构建FV-DNN的振动状态识别模型中，选择合适的结构参数能够提高模型的识别精度和效率，所以，重点研究学习率、学习率衰减函数、全连接神经网络神经元数量、卷积核大小以及卷积层深度对模型精度的影响，并对其进行结构参数优化。

1. 学习率及其衰减函数优化

开展学习率、学习率衰减函数的优化研究。初步设定全连接神经网络的神经元数量为(128，96)，卷积层深度为(64，128)，卷积核大小为1×5。针对的分类任务，模型采用随机梯度下降(stochastic gradient descent，SGD)进行迭代学习。分别对学习率0.001、0.005、0.01、0.1和衰减方式为Fixed(固定)、Step(随步数衰减)、Exp(指数衰减)进行优化，研究其对识别精度的影响，如表7-2所示。

表7-2　学习率参数对识别率影响

学习率衰减函数	0.001	0.005	0.01	0.1
Fixed	95.50%	95.75%	92.5%	25.25%
Step	95.75%	96.00%	93.25%	25.50%
Exp	95.25%	96.25%	94.5%	25.75%

由表7-2结果可以看出，在学习率为0.005时分类的准确率最高。当学习率过高时，训练模型过程将会不收敛，无法完成分类任务；而对应不同的学习率衰减函数时，Exp函数获得的准确率最高。因此，FV-DNN模型选择学习率为0.005，衰减函数为Exp。

2. 全连接神经网络的设置

前置全连接神经网络是含有一个隐含层的全连接神经网络。为了验证前置全连接神经网络的效果与选择最优的全连接神经网络参数，设置不同全连接神经网络参数对实验样本进行训练学习，收敛过程如图7-9所示，学习结果如表7-3所示。

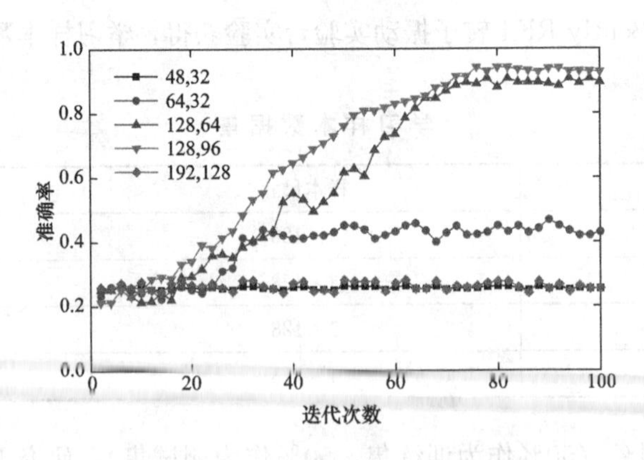

图7-9　不同神经元数量下FV-DNN收敛过程

表7-3　全连接神经网络输出节点数量对识别率影响

神经元数量(隐藏层，输出层)	48，32	64，32	128，64	128，96	192，128
识别率	25.00%	80.25%	93.75%	95.75%	25.25%

根据表 7-3 可以看出，在输出节点数量过少的情况下，FV-DNN 模型无法对样本进行分类，这是由于对应于样本中的 4 种分类状态，过少的输出节点相当于只使用全连接神经网络完成分类任务，而该模型中的全连接神经网络不具有识别复杂振动信号的能力；当隐藏层神经元增加到 192 以上时，模型收敛困难，训练时间也较长，这则是由于模型的计算参数过多造成的。因此，选择前置全连接神经网络神经元为（128，96），这样既能保证 FV-DNN 模型的识别精度，也能控制模型的计算规模。

3. 卷积层参数设置

在深度学习过程中，模型从分类对象中学习到高层次、抽象的特征是完成复杂分类任务的前提。在 FV-DNN 中，卷积层的设置影响着模型对局部特征提取效果。通过改变卷积层的数量和深度来寻找最优的网络结构，进而从信号中提取出最有利于对样本进行分类的特征表示。通过设定不同的卷积核的大小和卷积层的深度，研究其对模型识别精度的影响，结果如表 7-4 所示。

表 7-4　　卷积层参数对识别率的影响

卷积核大小卷积层深度（C1，C3）	1×3	1×4	1×5	1×6
32，64	92.50%	91.75%	92.00%	92.75%
48，96	96.25%	96.50%	95.75%	96.25%
64，128	95.00%	95.75%	95.25%	95.75%

根据表 7-4 中的实验结果，只有当卷积层深度不足时，卷积层的深度才会对模型分类准确率产生明显影响；随着卷积层深度进一步增加，模型分类准确率变化较小，模型训练时间却大大增加，模型收敛更慢。因此，FV-DNN 振动状态识别模型的卷积层深度设置为（48，96）。另外，较大的卷积核对模型分类精度影响十分有限，这是因为全连接神经网络已经能“提供”足够的感知野了。

根据上述研究，最终确定了 FV-DNN 振动状态识别模型的学习率为 0.005，衰减函数为 Exp，前置全连接神经网络神经元为（128，96），结构参数如表 7-5 所示。

表 7-5　　FV-DNN 模型结构

层级	卷积核大小（高×宽/步长）	特征图尺寸
输入		1×640
FCNN		1×128→1×96
C1	1×4/1	1×93×48
S2（max）	1×2/2	1×46×48
C3	1×4/1	1×43×96
S4（max）	1×2/2	1×22×96

续表

层级	卷积核大小（高×宽/步长）	特征图尺寸
FC		96
输出层（Output）		4

7.3 实验研究

针对上节优化获得的 FV-DNN 模型结构及参数，对其进行学习训练，批量样本数量设为 8，在模型迭代过程中使用模型对测试集进行分类，对分类结果和标记的故障类型进行对比，输出训练模型分类的准确性，结果如图 7-10 所示。

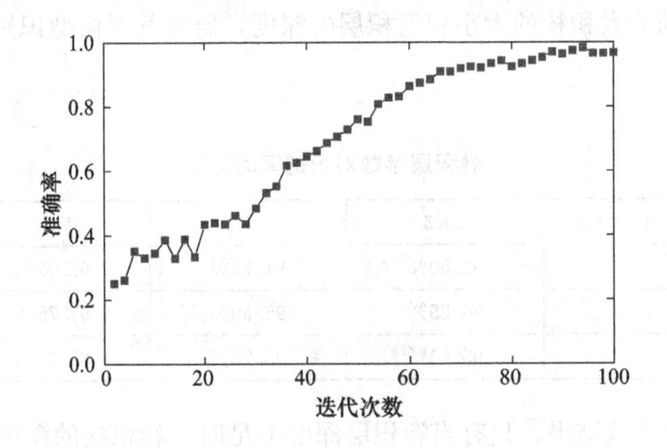

图 7-10　FV-DNN 模型学习训练的收敛过程

经过 90 次迭代后，模型在对测试集的分类准确率最高达到了 97.25%。

为了研究 FV-DNN 深度学习模型特别是前置全连接层在整个特征学习过程中所起的作用，使用流形学习方法中的 T-SNE 工具对模型中不同层级学习到的特征信息数据进行降维并可视化，结果如图 7-11 所示。

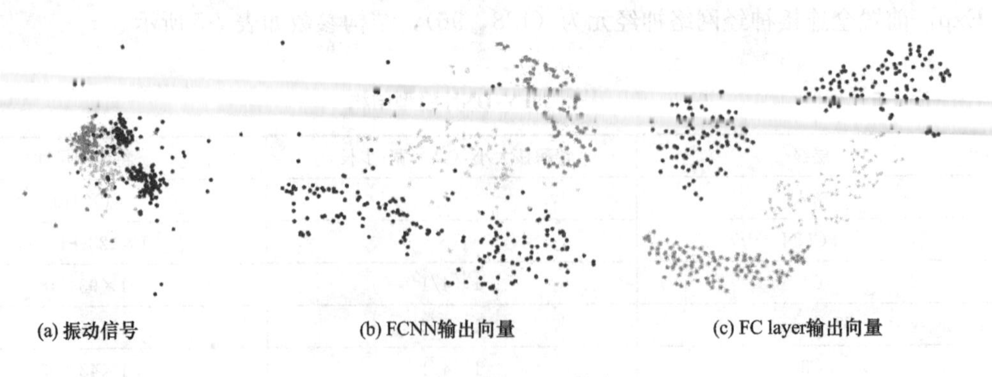

图 7-11　FV-DNN 不同层级可视化表示

由图 7-11（a）是原始输入振动信号的分类，由于振动信号存在着噪声且特征复杂，因此原始振动信号的可视化化分布混乱复杂，难以进行区分识别；图 7-11（b）所示为经过前置全连接神经网络处理后的 1×96 向量降维后的特征，与原始信号相比，已经有了明显的分类特征，但是仍然有很多不同种类故障混杂在一起；图 7-11（c）是最终的全连接层 1×64 向量降维后的分类情况，可以发现此时分类特征就非常明显，不同种类故障有明显区别，可以容易地进行分类。

为了进一步对比 FV-DNN 模型的优越性，另建立了两种较为经典的状态识别模型进行对比实验研究。

（1）基于 EMD-SVM 的状态识别模型（浅层学习方法）。利用 EMD 方法提取振动信号各模态特征，形成特征向量作为机器学习模型输入（识别对象），建立 SVM 识别模型，对特征向量进行机器学习，实现识别分类。

（2）基于 DBN 的状态识别模型（深度学习方法）。将振动信号直接作为 DBN 深度学习模型的识别对象，通过对振动信号的深度特征学习，最终输出识别结果。

基于表 7-1 数据集，对上述两种方法进行实验研究，实验结果如表 7-6 所示。

表 7-6　　识别效果对比

算法	识别率
EMD-SVM	92.5%
DBN	86.5%
FV-DNN	97%

根据表 7-6 实验结果可得，EMD-SVM 是一种信号处理＋机器学习的状态识别方法，识别精度较高，但这种方法的识别效果取决于所使用信号处理技术的特征提取能力；DBN 方法通对原始信号进行深度学习，自适应提取信号特征，但受到网络结构设计的影响，识别精度较低；FV-DNN 相对结构较为简单的 DBN 特征提取能力更强，识别精度更高，更注重机器自主地从原始振动信号提取特征，同时通过前置全连接网络提取信号的全局特征，使 FV-DNN 识别振动信号有较好的效果。

7.4 小　　结

为了解决深度学习模型 CNN 在处理一维振动信号提取全局特征的问题，本章通过对 CNN 引入前置全连接神经网络提取信号全局特征，提出了 FV-DNN 的全局-局部特征深度学习方法。在此基础上针对振动状态识别问题，建立了基于 FV-DNN 的振动状态识别模型。通过本章研究得到了以下结论：

（1）由于全连接神经网络能对较长的一维振动信号进行降维，因此相比于 1D-CNN，FVDNN 对卷积层的层级要求降低。同时，全连接神经网络计算后的特征向量也具有更好的分类特征，进而获得较高的识别精度。

（2）本章研究了模型结构参数的优化选取问题，最终确定了 FV-DNN 振动状态识别模型的学习率为 0.005，衰减函数为 Exp，前置全连接神经网络神经元为（128，96），并基于该参数建立 FV-DNN 振动状态识别模型，识别精度达到了 97%。

第 8 章

结论与展望

8.1 结　　论

针对电力设备的振动状态监测问题，本书探讨了设备振动机理，并从机理角度讨论了振动状态特征。在此基础上研究搭建了汽轮发电机组转子、风力发电机组传动系统振动模拟实验台。进而从状态特征提取、机器学习智能状态识别等方面展开研究，具体研究内容及结论如下。

（1）针对振动信号的特征提取，提出了基于 KL-HVD 的振动特征提取方法。该方法在 HVD 分解过程中，将各 IMF 与原振动信号之间的 KL 散度作为指标，避免了虚假分量的产生。基于 KL-HVD 方法可以清晰地提取出振动信号中的各模态特征信息，有效避免了由于虚假分量带来的故障定位困难的问题，也为机器学习（深度学习）状态识别模型提供了明确的特征信息。

（2）针对振动信号的图像状态识别，提出了基于 CNN 图像识别的状态识别方法。搭建了 CNN 图像识别模型，并分别对振动轴心轨迹、SDP 图像及多信息 SDP 融合特征图像的 CNN 图像识别进行了实验对比研究，结果看出，基于 SDP 特征信息融合的 CNN 故障诊断模型识别精度最高，达到了 97.7%。

（3）针对一维振动信号的识别，提出了基于 1D-CNN 的振动状态识别方法。搭建了 1D-CNN 的振动状态识别模型，研究了不同振动信号识别模型中卷积核尺度选取，提出了基于最优感知野的卷积核尺度优化方法，最终得到卷积核尺度 M、信号采样频率 f_s、设备转速 n 三者间的最优匹配关系，即 $M=4.8\times f_s/n$。

（4）针对深度学习模型学习对象的信息不完备问题，提出了基于融合特征深度学习的振动状态识别方法。该方法提出将设备各振动测点分解得到的 IMF 分量形成多尺度特征向量，同时研究了多向量输入方式的多向量深度卷积神经网络 MV-CNN 方法，最终建立了基于 MV-CNN 的振动状态识别模型，对多尺度特征向量进行融合特征学习，实现振动状态的识别。通过对转子振动的实验研究结果显示，基于 MV-CNN 的振动状态识别模型精度达到了

97.75%。

(5) 针对CNN振动识别模型对全局特征学习不足的问题，提出了基于全局-局部特征深度学习的振动状态识别方法。该方法在CNN网络局部特征学习的基础上，引入了前置全连接网络层，并研究了前置全连接层、卷积-池化层的结合方式以及反向传播训练方式，最终研究建立了前置全连接深度学习FV-DNN模型，实现了振动信号的全局-局部特征的自适应提取，进而提高了模型的识别能力。

8.2 展　　望

在本书的完成过程中，随着研究工作的逐渐深入，作者深切感受到在基于深度学习的振动状态识别方法方面，具有很大的研究价值和应用潜力，还需要对以下问题进行进一步研究改进。

(1) 本书基于深度学习的状态识别模型主要通过卷积操作（卷积核映射）进行特征的抽象与学习，但对于非平稳、非线性较强的振动信号来说，映射手段较为单一，还需要设计更加符合振动信号特征学习的映射核，从而提高学习效率核模型的识别精度。

(2) 故障样本缺少、模型训练不充分是影响模型实战精度的重要问题，为了实现深度学习状态识别模型在更广泛振动领域的状态智能识别，特别是大数据的学习利用，还需要对模型的迁移学习、强化学习等进行进一步研究。

(3) 特殊工况下的振动，由于学习样本、理论支持的缺失，成为识别模型的知识盲区，在下一步研究中应展开复杂工况的振动机理研究，进而提高模型在全工况范围内的识别诊断能力。

参　考　文　献

[1] 闻邦椿，顾家柳，夏松波，等．高等转子动力学［M］．北京：机械工业出版社，2000.

[2] 施维新．汽轮发电机组振动及事故［M］．北京：中国电力出版社，1999.

[3] 陈予恕．机械装备非线性动力学与控制的关键技术［M］．北京：机械工业出版社，2011.

[4] 何正嘉，陈雪峰．小波有限元理论研究与工程应用的进展［J］．机械工程学报，2005，41（003）：1-11.

[5] 何正嘉，陈雪峰，李兵，等．小波有限元理论及其工程应用［M］．北京：科学出版社，2006.

[6] 钟掘，唐华平．高速轧机若干振动问题——复杂机电系统耦合动力学研究［J］．振动，测试与诊断（1）：1-8.

[7] 褚福磊，汤晓瑛，唐云．碰磨转子系统的稳定性［J］．清华大学学报（自然科学版），2000（04）：119-123.

[8] PENG Z K，JACKSON M R，RONGONG J A，et al. On the energy leakage of discrete wavelet transform［J］. Mechanical Systems and Signal Processing，2009，23（2）：330-343.

[9] BACHSCHMID N，PENNACCHI P. Crack effects in rotordynamics［J］. Mechanical Systems & Signal Processing，2008，22（4）：761-762.

[10] GASCH R . Dynamic behaviour of the Laval rotor with a transverse crack［J］. Mechanical Systems & Signal Processing，2008，22（4）：790-804.

[11] SEKHAR A S. Multiple cracks effects and identification［J］. Mechanical Systems & Signal Processing，2008，22（4）：845-878.

[12] 范彬，胡雷，胡茑庆．变工况下旋转机械故障跟踪的相空间曲变方法［J］．物理学报，2013，62（16）：63-70.

[13] SOHRE J S. Trouble-shooting to stop vibration of centrifugal［J］. Petrop Chem. Engineer，1968，11：22-23.

[14] 刘杨，李炎臻，石拓，等．转子-滑动轴承系统不对中-碰磨耦合故障分析［J］．机械工程学报，2016，52（13）：79-86.

[15] 秦海勤，张耀涛，徐可君．双转子-支承-机匣耦合系统碰磨振动响应分析及试验验证［J］．机械工程学报，2019，55（19）：75-83.

[16] MOHAMMED O D，RANTATALO M. Dynamic response and time-frequency analysis for gear tooth crack detection［J］. Mechanical Systems and Signal Processing，2016，66-67.

[17] GUILBAULT R，LALONDE S，THOMAS M. Modeling and monitoring of tooth fillet crack growth in dynamic simulation of spur gear set［J］. Journal of Sound & Vibration，2015，343：144-165.

[18] VUKELIC G，PASTORCIC D，VIZENTIN G. Failure analysis of a crane gear shaft［J］. Procedia Structural Integrity，2019，18：406-412.

[19] WEI Y, JIANG Y. Fatigue fracture analysis of gear teeth using XFEM [J]. Transactions of Nonferrous Metals Society of China, 2019, 29 (10): 2099-2108.

[20] SHEN G, XIANG D, ZHU K, et al. Fatigue failure mechanism of planetary gear train for wind turbine gearbox [J]. Engineering Failure Analysis, 2018, 87: 96-110.

[21] ZHANG D, LIU S, LIU B, et al. Investigation on bending fatigue failure of a micro-gear through finite element analysis [J]. Engineering Failure Analysis, 2013, 31: 225-235.

[22] WANG J, QIN D, DING Y. Dynamic behavior of wind turbine by a mixed flexible-rigid multi-body model [J]. Journal of System Design and Dynamics, 2009, 3 (3): 403-419.

[23] 周志刚，秦大同，杨军，等．变载荷下风力发电机行星齿轮传动系统齿轮-轴承耦合动力学特性 [J]. 重庆大学学报：自然科学版，2012，35 (12)：7-14.

[24] 秦大同，田苗苗，杨军．变风载下风力发电机齿轮传动系统动力学特性研究 [J]．太阳能学报，2012，33 (02)：190-196.

[25] MA H, FENG R, PANG X, et al. Effects of tooth crack on vibration responses of a profile shifted gear rotor system [J]. Journal of Mechanical Science & Technology, 2015, 29 (10): 4093-4104.

[26] 向东，蒋李，沈银华，等．风电齿轮箱在随机风载下的疲劳损伤计算模型 [J]．振动与冲击，2018，37 (11)：115-123.

[27] 何俊，杨世锡，甘春标．随机激励下风机齿轮箱动力学建模及故障特征提取 [J]．振动与冲击，2016，35 (15)：35-40.

[28] CASTELLANI F, BUZZONI M, ASTOLFI D, et al. Wind turbine loas induced by terrain and wakes: An experimental study through vibration analysis and computational fluid dynamics [J]. Energies, 2017, 10 (11): 1839.

[29] 唐贵基，王晓龙．自适应最大相关峭度解卷积方法及其在轴承早期故障诊断中的应用 [J]．中国电机工程学报，2015，35 (6)：1436-1444.

[30] HARMOUCHE J, DELPHA C, DIALLO D. Incipient fault detection and diagnosis based on Kullback - Leibler divergence using principal component analysis: Part I [J]. Signal Processing, 2014, 94: 278-287.

[31] MISHRA C, SAMANTARAY A K, CHAKRABORTY G. Rolling element bearing fault diagnosis under slow speed operation using wavelet de-noising [J]. Measurement, 2017, 103: 77-86.

[32] 刘永强，杨绍普，廖英英，等．一种自适应共振解调方法及其在滚动轴承早期故障诊断中的应用 [J]. 2016，29 (2)：366-70.

[33] SELESNICK I W. Resonance-based signal decomposition: A new sparsity-enabled signal analysis method [J]. Signal Processing, 2012, 91 (12): 2793-2809.

[34] LI Y, XU M, LIANG X, et al. Application of bandwidth EMD and adaptive multiscale morphology analysis for incipient fault diagnosis of rolling bearings [J]. IEEE Transactions on Industrial Electronics, 2017, 64 (8): 6506-6517.

[35] WU Z，HUANG N E. Ensemble empirical mode decomposition：A noise-assisted data analysis method [J]. Advances in Adaptive Data Analysis，2009，1（1）：1-41.

[36] SMITH J S. The local mean decomposition and its application to EEG perception data [J]. Journal of The Royal Society Interface，2005，2（5）：443-454.

[37] ZHU X，YUAN Y，ZHOU P，et al. An improved Hilbert vibration decomposition method for analysis of rotor fault signals [J]. Journal of the Brazilian Society of Mechanical Sciences and Engineering，2017，39（12）：4921-4927.

[38] JIANG X X，LI S，CHENG C. A novel method for adaptive multiresonance bands detection based on VMD and using MTEO to enhance rolling element bearing fault diagnosis [J]. Shock and Vibration，2016：1-20.

[39] YAN X，JIA M，ZHAO Z. A novel intelligent detection method for rolling bearing based on IVMD and instantaneous energy distribution-permutation entropy [J]. Measurement，2018，130：435-447.

[40] SCHLECHTINGEN M，SANTOS I F. Comparative analysis of neural network and regression based condition monitoring approaches for wind turbine fault detection [J]. Mechanical Systems and Signal Processing，2011，25（5）：1849-1875.

[41] 李巍华，翁胜龙，张绍辉．一种萤火虫神经网络及在轴承故障诊断中的应用 [J]．机械工程学报，2015，51（7）：99-106.

[42] AMAR M，GONDAL I，WILSON C. Vibration spectrum imaging：A novel bearing fault classification approach [J]. IEEE Transactions on Industrial Electronics，2014，62（1）：494-502.

[43] HUANG Q，JIANG D，HONG L，et al. Application of wavelet neural networks on vibration fault diagnosis for wind turbine gearbox [C] //International Symposium on Neural Networks. Berlin，Heidelberg：Springer，2008：313-320.

[44] 庄哲民，殷国华，李芬兰，等．基于小波神经网络的风力发电机故障诊断 [J]．电工技术学报，2014，24（4）：224-229.

[45] 郭东杰，王灵梅，郭红龙，等．改进小波结合 BP 网络的风力发电机故障诊断 [J]．电力系统及其自动化学报，2012，24（02）：53-58.

[46] 刘路，王太勇．基于人工蜂群算法的支持向量机优化 [J]．天津大学学报，2011，44（09）：803-809.

[47] 郝思鹏，刘明．基于遗传算法优化支持向量机多分类器的台区低电压风险识别方法 [P]．江苏省：CN111104972A，2020-05-05.

[48] 黄海松，魏建安，康佩栋．基于不平衡数据样本特性的新型过采样 SVM 分类算法 [J]．控制与决策，2018，033（009）：1549-1558.

[49] YANG Z，WANG B，DONG X H，et al. Expert system of fault diagnosis for gear box in wind turbine [J]. Systems Engineering Procedia，2012，4：189-195.

[50] 刘嘉蔚，李奇，陈维荣，等．基于多分类相关向量机和模糊 C 均值聚类的有轨电车用燃料电池系统

故障诊断方法［J］．中国电机工程学报，2018，38（20）：6045-6052.
［51］ LEI Y，ZUO M J. Gear crack level identification based on weighted K nearest neighbor classification algorithm［J］. Mechanical Systems and Signal Processing，2009，23（5）：1535-1547.
［52］ WEST G M，MCARTHUR S D J，TOWLE D. Industrial implementation of intelligent system techniques for nuclear power plant condition monitoring［J］. Expert Systems with Applications，2012，39（8）：7432-7440.
［53］ AL-BUGHARBEE H，TRENDAFILOVA I. A fault diagnosis methodology for rolling element bearings based on advanced signal pretreatment and autoregressive modelling［J］. Journal of Sound and Vibration，2016，369：246-265.
［54］ 张燕平，黄树红，高伟，等．基于信息熵-灰关联度法的汽轮机振动故障诊断［J］．武汉理工大学学报，2007，29（008）：150-153.
［55］ 陶洁，刘义伦，付卓，等．基于Teager能量算子和深度置信网络的滚动轴承故障诊断［J］．中南大学学报（自然科学版），2017，48（1）：61-68.
［56］ HE J，YANG S，PAPATHEOU E，et al. Investigation of a multi-sensor data fusion technique for the fault diagnosis of gearboxes［J］. Proceedings of the Institution of Mechanical Engineers，Part C：Journal of Mechanical Engineering Science，2019，233（13）：4764-4775.
［57］ TAMILSELVAN P，WANG P. Failure diagnosis using deep belief learning based health state classification［J］. Reliability Engineering & System Safety，2013，115：124-135.
［58］ 肖雄，王健翔，张勇军，等．一种用于轴承故障诊断的二维卷积神经网络优化方法［J］．中国电机工程学报，2019，39（15）：4558-4568.
［59］ 唐波，陈慎慎．基于深度卷积神经网络的轴承故障诊断方法［J］．电子测量与仪器学报，2020，34（03）：88-93.
［60］ 马波，蔡伟东，赵大力．基于GAN样本生成技术的智能诊断方法［J］．振动与冲击，2020，39（18）：153-160.
［61］ 赵宇凯，徐高威，刘敏．基于VGG16迁移学习的轴承故障诊断方法［J］．航天器环境工程，2020，37（5）：446-451.